Isaac Newton

뉴턴

어떻게 만유인력을 알아냈을까?

게일 E. 크리스천슨 지음

정소영 옮김

바다출판사

목차

1

생각하기를 좋아했던 아이

아이작 뉴턴(자코버스 호우브라켄의 판화, 1748년)

10시가 채 안 된 때였다. 북소리가 둥둥 울려 퍼지기 시작하고, 수천 군중들의 웅성거리는 소리도 점점 커졌다. 1649년 1월 30일, 화이트홀 궁전으로 가는 런던의 모든 거리는 왕의 죽음을 구경하러 나온 사람들로 발 디딜 틈이 없었다. 추위가 뼛속까지 스미는 날이었다. 회색 하늘의 갈라진 구름 사이로 언뜻언뜻 햇살이 비쳐 들었다. 매서운 날씨에 템스강을 떠내려온 얼음 덩어리들이 런던 브리지에 얼어붙었다.

전날 59명의 심판관들은 찰스 1세의 사형에 동의하는 증명서에 서명했다. 그러나 이들 중 대부분은 반군 지도자 올리버 크롬웰의 위협과 협박에 못 이겨 억지로 서명한 것이었다. 크롬웰은 왕을 사형시킴으로써 나라를 자기 손아귀에 넣으려고 했다. 그리고 그는 나라를 지키는 주인이라는 뜻의 호국경 자리에 오른다. 사실 그는 이름만 왕이 아니었지 영국의 모든 일이 그의 손을 거쳐야 하는 지위에 오른 것이다.

왕의 죽음을 가장 바랐던 이들은 크롬웰과 그를 따르는 단발파 사람들이었다. 이들은 귀족 계급이 긴 가발을 쓰고 다니는 것에 반항하는 뜻에서, 또 청교도인 자신들의 믿음을 내보이기 위해 머리를 짧게 자르고 다녔다.

찰스 1세의 초상

스튜어트 왕조의 영국 국왕. 청교도 혁명으로 시작된 내전에서 올리버
크롬웰이 이끄는 군사에게 패배하며 1649년 1월 단두대의 이슬로 사라졌다.

단두대에 오른 찰스 1세

1642년 잉글랜드 북부에서 시작된 내전이 영국 전역으로 번졌다. 10여 년의 내전 동안 크롬웰과 단발파들은 법을 어긴 가톨릭 교도들에게 비교적 너그러웠던 찰스 1세와 그의 추종자들과 줄곧 싸움을 해왔다. 이제 패배자가 된 왕이 그 대가를 치르는 순간이 온 것이다.

아무리 왕이라고 하더라도 매서운 추위에 떨지 않을 수 없었다. 그러나 그걸 보고 적들에게 왕이 두려워 떨고 있다는 오해를 받고 싶지는 않았다. 그래서 찰스 1세는 속옷을 두 벌이나 껴입고 그 위에 가장 멋진 옷을 걸쳐 입었다. 런던 주교와 시종 허버트를 양옆에 대동하고, 그는 세인트 제임스 궁전을 걸어 나왔다.

찰스 1세는 잘 손질된 왕실 정원을 지나 단두대 쪽으로 향했다. 전날 저녁 단두대를 만드는 소리에 아마도 찰스 1세는 잠을 이루지 못했을 것이다. 찰스 1세는 병사들이 두 겹으로 늘어서 있는 사이를 호위병들조차 따라갈 수 없을 만큼 재빨리 걸었다. 화이트홀에 도착한 찰스 1세는 빵 한쪽과 포도주를 조금 먹었다.

두 시가 되자 갈라진 구름 틈새로 빛이 비쳤다. 겹겹이 늘어선 병사들이 군중들을 가로막고 서 있었다. 그래서 군중들은 연회장의 창문 너머로 사람들이 빠르게 움직이는 모습만 얼핏 볼 수 있었다. 갑자기 기다란 창문 사이를 빠져나오는 찰스 1세의 모습이 보였다. 그는 곧바로 단두대로 올라가 무릎을 꿇고 머리를 나무토막 위에 얹어 놓았다. 복면을 한 사형 집행인이 찰스 1세의 긴 머리를 모자 밑으로 쓸어 넣었다. 그리고 한 발 물러서서 왕이 마지막 기도를 올릴 때까지 기다렸다.

기도가 끝나자 찰스 1세는 죽음을 맞을 준비가 되었다는 듯 팔을 양 옆으로 뻗었다. 그러자 도끼가 빠르게 큰 원을 그렸고, 사형 집행인의 조수가 찰스 1세의 잘린 머리를 집어 들었다. 그리고 모든 사람이 볼 수 있게 높이 들고 외쳤다.

"보라, 반역자의 머리다!"

이 장면을 지켜보던 크롬웰은 군중들이 기쁨의 함성을 지를 것이라고 기대했다. 그러나 여기저기서 긴 탄식 소리만 터져 나올 뿐이었다. 분위기가 심상치 않았다. 크롬웰은 재빨리 해산 명령을 내렸다. 무장한 병사들이 곧바로 행동에 들어갔다. 거리에 모여든 사람들은 이리저리 떠밀리고 서로 밟고 밟히며 비명을 질렀다. 사람들은 새 정부의 비정한 지도자와 훨씬 더 잔혹해진 군대를 보며 두려움에 떨었다.

일찍 세상을 떠난 아버지

링컨셔는 잉글랜드의 중심에서 멀리 떨어진 시골로, 그곳에 울스소프 장원이 있었다. 크리스마스가 다가오고 있었지만, 장원에는 회색 돌집 한 채만 덩그마니 서 있었다. 내

아이작 뉴턴이 어린 시절을 보냈던 울스소프의 집

뉴턴의 주치의였고 친구였던 윌리엄 스터클리가 그렸다. 스터클리는 최초로
뉴턴의 전기를 쓴 사람이다.

전이 전국적으로 번져 찰스 1세가 죽을 때까지, 7년 동안 이 시골의 장원을 찾는 사람은 아무도 없었다. 오직 젊은 과부 한나 뉴턴과 하인만이 쓸쓸히 살고 있었다.

한나의 남편이었던 아이작은 부유한 농부였는데, 지난 10월 세상을 떠나 강 건너 기슭에 있는 콜스터워스 마을의 교회 묘지에 묻혔다. 무덤은 울스소프의 집에서도 보였다.

아이작은 한나와 결혼한 지 다섯 달 만에 병이 들었다. 살아날 가망이 없어 보이자, 아이작은 변호사를 불러 400제곱킬로미터의 땅과 집, 가축과 곡식 그리고 집안의 가재 도구들이며 자기가 갖고 있던 소유물 대부분을 부인인 한나에게 유산으로 남겨 주겠다고 유언했다. 아이작 뉴턴은 글자를 모르는 문맹이어서 유언장에다 'X'라고 서명했다. 'X'는 글을 모르는 사람이 서명으로 흔히 쓰던 표시였다. 그때 한나는 임신 중이었고, 유언장에는 뱃속의 아이에 대한 언급이 전혀 없었다.

너무나 허약하게 태어난 아이

1642년 12월 24일, 아기가 태어나려는지 진통이 시작되었다. 그날은 보름달이 떠 유난히 환했다. 아기는 자정을 넘겨 크리스마스 새벽 한 시에서 두 시 사이에 태어났다.

태어난 아기는 너무 약해서 한나의 출산을 도왔던 두 여인은 이웃집으로 약을 얻으러 가야 했다. 하지만 그들은 급하게 서두르기는커녕 가는 도중 잠시 쉬기까지 했다. 아기가 이미 죽었을 거라고 생각했기 때문이다.

나중에 아이가 컸을 때 한나는 아이에게 차 주전자 속에 쏙 들어갈 수 있을 정도로 작았다고 이야기해 주었다. 보통 아기들은 머리를 들어야 편하게 숨쉬며 젖을 먹을 수 있는데, 이 아기는 너무 약해 머리를 들지 못했다. 그래서 목에 목대를 받쳐 주었다. 한참 자라서도 또래 아이들보다 훨씬 작았다.

일주일 후 어머니와 아기는 콜스터워스의 가족 교회에 갔다. 친척들과 친구들이 아기의 세례식을 지켜 보았다. 주임 사제는 교구 일지에 이렇게 기록하였다.

"아이작과 한나 뉴턴의 아들 아이작 뉴턴이 1643년 1월 1일에 세례를 받다."

어머니 한나의 재혼

옥스퍼드대학교

영국에서 가장 오래된 대학교로 1249년 헨리 2세가 세웠다. 옥스퍼드에 있는 여러 개의 학교들을 합쳐 만든 대학교다.

뉴턴이 아장아장 걸을 만큼 자랐을 때 어머니 한나는 바르나바스 스미스라는 나이 지긋한 홀아비의 청혼을 받았다. 스미스는 울스소프에서 1.6킬로미터 정도 떨어진 노스 위덤이라는 작은 마을의 목사였다. 그는 옥스퍼드대학교에서 학사 학위와 석사 학위를 받았으며 아버지한테 많은 재산을 물려받아 꽤 부자였다.

스미스 목사의 청혼을 받아들이기 전에 한나는 아들에게 얼마 정도 재산을 남겨 주고 울스소프 장원에 있는 집을 고쳐 주었으면 좋겠다는 뜻을 전했다. 뉴턴이 성장했을 때 자기 소유의 농지를 가진 농부로서 그 곳에서 살게 해주고 싶었던 것이다. 스미스도 그 뜻에 동의했다.

1646년 1월 뉴턴이 만 세 살이 지나고 나서 곧 둘은 결혼식을 올렸다.

상실감과 복수심으로 말이 없던 소년

뉴턴은 재혼한 엄마와 살지 않고 울스소프에 남아 외할머니와 단 둘이 살았다. 아버지의 얼굴을 한 번도 본 적이 없는 이 불쌍한 아이는 갑자기 엄마와도 헤어진 것이다.

나이를 먹을수록 뉴턴은 어머니와 가까이 있으면서도 만날 수 없다는 사실에 큰 상처를 입었다. 집 앞 나무 위에 올라가면 어머니가 사는 노스 위덤 교회의 뾰족한 탑이 보였다. 그곳에는 어머니뿐만 아니라 어머니를 빼앗아 가 버린 낯선 아저씨도 있었다. 이런 상실감은 마음의 병이 되어 그를 좀먹어 들어갔다.

십대를 보내면서 뉴턴의 마음에는 종교 의식이 싹트고 점점 더 그 뿌리는 깊어만 갔다. 이 무렵부터 그는 자신의 잘못을 기록하는 고백록을 쓰기 시작했다. 대부분의 잘못은 가볍게 넘어갈 수 있는 것들이었다. 그러나 13번째의 잘못은 그의 고민을 그대로 보여 준다.

"새아버지와 어머니를 위협하고, 그들과 그들의 집을 불태우겠다."

다음 고백 역시 뉴턴의 갈등을 잘 드러내고 있다.

"죽음을 원했다. 그리고 그것이 누군가에게 일어나기를 바랐다."

버림받은 아이의 성격은 변덕스러워졌고 복수심도 커졌다. 그리고 자신에게 잘못을 저지른 사람들에게 복수하기 위해서라면 몇 년이라도 기다릴 수 있었다.

부모 외에도 죽어 버렸으면 했던 사람이 더 있었다. 새아버지가 육십을 한참 넘긴 나이에 얻은, 성이 다른 두 여동생 메리와 한나, 남동생 벤저민이었다. 뉴턴에게 그들은 어머니의 사랑을 빼앗아 간 경쟁 상대들일 뿐이었다.

1653년에 새아버지가 죽었다. 엄마는 돈 많은 과부가 되어 새아버지와의 사이에서 낳은 세 명의 아이들을 데리고 울스소프로 돌아왔다.

한편 열한 살이 된 뉴턴은 이미 오래전부터 자신의 세계에 빠져 세상과 담을 쌓고 사는 데 익숙한 아이가 되어 버렸다.

킹스 스쿨에서 교육의 기초를 닦다

어머니 한나는 뉴턴에게 공부를 가르쳤다. 남편처럼 아들을 문맹으로 키우고 싶지 않아서였다. 어머니가 울스소프를 떠나 있는 동안 뉴턴은 걸어서 다닐 수 있는 마을 학교를 다녔다. 그리고 어머니가 울스소프로 돌아오고 나서 일 년 뒤 열두 살이 된 뉴턴은 그랜섬의 킹스 스쿨을 다니게 되었다. 그랜섬은 울스소프에서 약 10킬로미터 정도 떨어진 곳으로 시장이 서는 자그마한 도시였다.

킹스 스쿨에서는 라틴어와 그리스어를 가르쳤으며, 여기에서 뉴턴은 본격적인 교육의 기초를 닦았다. 라틴어와 그리스어말고도 성경 공부 또한 중요한 부분이어서 뉴턴은 히브리어 문서를 읽는 법도 배웠다.

문법과 문학에 대한 소양을 키워 주는 것이 교육의 주된 목표였지만 학생들은 수학 수업도 조금 받았다. 뉴턴이 최초로 기하학에 대해 알게 된 것도 아마 이 시기였을 것이다.

이상한 물건을 만들던 아이

뉴턴은 그랜섬에서 약재상을 하던 클라크 씨 댁에서 지냈다. 클라크 씨 부인과 엄마는 친한 친구였다. 클라크 씨 댁은 그랜섬의 중심부인 하이 스트리트에 있었으며, 주인집 식구들은 하숙생인 뉴턴을 가족처럼 보살펴 주었다. 그리고 뉴턴은 많은 자유를 누리면서 생각할 수 있는 시간을 가지

뉴턴은 열두 살 때 그랜섬의 킹스 스쿨에 입학한다. 그는 시골 약재상의 집에
서 머무르면서 킹스 스쿨에서 4년 동안 공부를 한다.

게 되었다.

그랜섬 출신으로, 몇 년 뒤 뉴턴과 함께 런던에서 지내면서 친구가 된 윌리엄 스터클리 박사의 말을 들어보자.

"뉴턴을 아는 사람들은 그의 타고난 재능을 말해 주는 추억거리를 한 가지 이상 간직하고 있습니다. 그들은 그의 소년 시절이며 그가 발명해 낸 이상한 물건이며, 기계에 대해 남다른 관심을 가졌던 것들을 기억하고 있습니다."

뉴턴은 학교에서 돌아오면 또래 아이들과 뛰어 노는 대신 여러 가지 나무 모형이나 무엇인가를 만들어 내는 데 열중했다. 그는 만드는 데 필요한 작은 톱, 도끼, 망치를 비롯한 각종 도구들을 아주 잘 다루었다.

어렸을 때 했던 실험들

언젠가 뉴턴은 물레방앗간을 만드는 현장을 방문하게 되었다. 여기서 영감을 얻어 그는 작동 물레방아 모형을 직접 만들어 냈다. 모형이 완성되자 그가 '방앗간 주인'이라는 별명으로 부르던 쥐 한 마리를 모형 속에 집어넣고 옥수수 몇 알씩을 넣어 주었다. '방앗간 주인'이 몸을 뻗어 옥수수를 잡으려고 하면, 물레방아 모형이 돌아가게 했던 것이다.

이 소년은 하늘을 나는 연의 매력에도 사로잡혀 있었다. 뉴턴은 갖가지 모양의 종이 연을 만들어 어떤 것이 하늘에 오래 잘 떠 있을 수 있는지 실험했다.

종이를 접어 등갓을 만들기도 했다. 그 등갓에 양초로 불을 밝히면 깜깜한 겨울 아침에 학교 가는 동안 아주 요긴하게 쓸 수 있었다. 가끔씩 그는 여기에 연 꼬리를 달아 밤하늘에 띄우기도 했는데, 그걸 본 시골 사람들이 혜성이 지나가는 줄 알고 한바탕 소동이 일기도 했다.

스터클리는, 뉴턴이 또래보다 키도 작았고 몸도 약했지만 학교 친구들에게 “합리적으로 따지고 생각하면서 노는 법”을 가르쳐 주었다고 말했다.

1658년 9월, 올리버 크롬웰이 죽었을 때 때마침 잉글랜드에는 굉장한 폭풍이 몰아쳤다. 미신을 믿는 사람들은 악마가 태풍을 타고 크롬웰의 영혼을 찾아다니는 것이라고 말했다. 하지만 뉴턴은 이런 기회는 다시 없을 것이라고 생각하고 자기보다 덩치가 훨씬 큰 소년들과 누가 가장 멀리 뛰는지 시합해 보자고 했다. 강풍이 불 시간에 잘 맞추어서 그는 펄쩍 뛰었다. 뉴턴이 다른 아이들보다 훨씬 더 멀리 뛰었다. 그러자 소년들은 놀라서 어리둥절해했다.

몇 년이 지난 뒤 뉴턴은 이때 일을 회상하면서 어렸을 때 했던 실험의 하나였다고 말했다.

자연과 예술에 파묻혀 살다

뉴턴은 클라크 씨 댁의 다락방에서 지냈다. 그 방의 벽에는 다른 그림을 보고 베끼거나 실제로 보고 그린 그림, 목탄으로 스케치한 것들이 잔뜩 붙어 있었다. 그가 일곱 살이 되기도 전에 단두대에서 죽은 찰스 1세, 시인이며 목사였던 존 던, 킹스 스쿨의 교장 선생님이었던 헨리 스토크스의 모습도 있었다. 새와 동물 그림, 배 그림, 수학식이 씌어 있는 설계도 같은 것도 있었다. 어렸을 때 쓴 자작시도 몇 편 붙어 있었다.

클라크 씨가 약을 조제하러 약방에 나가 있을 때면 뉴턴도 많은 시간을 그곳에서 함께 보냈다.

뉴턴은 책을 많이 읽었다. 열한 살 때는 존 베이트의 《자연과 예술의 신비》라는 책에 푹 빠져 있었는데, 1654년도의 세 번째 판이었다. 뉴턴은 노트에 그 책에 나오는 '색깔'을 혼합하는 방법이나 흔한 질병에 관한 치료법을 정리해 두었다.

열등생에서 우등생으로 바뀐 사건

책이나 기계적으로 작동하는 모든 것에 뉴턴의 관심은 정말 대단했다. 그래서 학업 성적도 우수했을 것이라고 생각하기 쉽지만 사실은 그렇지 않다. 80명이 약간 넘는 학생들 중에서 거의 꼴찌여서 교장 선생님인 헨리 스토크스는 그를 지진아 반에 보낼 수밖에 없었다. 나중에 뉴턴 자신도 킹스 스쿨에 다니면서 "참 게으름을 많이도 피웠다"라고 고백했다.

뉴턴의 운명은 어느 날 아침 교실로 가는 길에서 바뀌게 되었다. 그보다 등수가 하나 위인 어떤 소년이 그의 배를 발로 차는 사건이 벌어진 것이다. 가만히 당하고 있을 뉴턴이 아니었다.

그날 수업이 끝나고 뉴턴은 그 친구를 불러내어 결투를 신청했다. 둘은 근처의 교회 공터로 가서 결투를 치렀다. 상대는 그보다 컸지만 뉴턴은 악착같이 싸웠다. 마침내 그 소년은 항복하며 손을 들었고, 뉴턴은 그의 얼굴을 교회 벽에다 대고 박박 문질러 버렸다. 그것으로도 화가 안 풀린 뉴턴은 공부에 매달리기 시작했다. 그리고 얼마 되지 않아 학교에서 1, 2등을 다투는 학생이 되었다.

행복했던 그랜섬 시절과의 이별

그랜섬에서 생활하던 시기는 그의 일생 중 가장 행복했던 시절이었다. 그러나 뉴턴의 어머니는 그곳에서의 생활을 더 이상 허락하지 않았다. 그의 어머니는 이제 뉴턴이 열다섯 살이 되었기 때문에 울스소프로 돌아와 존경받는 지주로 사는 법을 배워야 한다고 스토크스 교장에게 말했다.

스토크스 교장은 놀라지 않을 수 없었다. 링컨셔의 외딴 시골에서 뉴턴이 나머지 인생을 보내게 된다고 생각하니 그의 재능이 너무나 아까웠다.

뉴턴에게도 시골 생활은 오랜 시간 동안 서서히 멀어져서 영영 돌아갈 수 없는 세계가 되었다. 뉴턴에게 고향으로 내려간다는 것은 단순하기 짝이 없는 사람들과 함께 어울려 살아야 한다는 것을 의미했다. 이렇게 아무 생각도 하지 않고 사는 생활은 틀림없이 그에게 좌절과 고통을 안겨다 줄 것이 뻔했다.

어머니 한나도 자신의 의지를 꺾지 않았다. 그래서 뉴턴과 어머니는 한동안 갈등을 겪다가 결국 그는 고향으로 돌아가게 된다. 하지만 뉴턴은 어머니의 말에 고분고분 따르지 않았다. 이 일이 있은 몇 년 뒤에 뉴턴은 자신의 고백록에 어머니에게 반항하느라 저지른 죄들을 기록해 두었다.

농사일에는 뜻이 없는 소년

그랜섬에서 돌아온 뒤 뉴턴은 어머니의 말에 퉁명스럽게 대답했으며, 어머니가 시키는데도 들에 나가 일하지 않았다. 양들을 돌보라고 맡기면 마음대로 풀어놓아 이웃집 채소밭을 엉망으로 만들었다. 결국 이 일로 뉴턴의 어머니는 법정에 나가 이웃집의 손해를 물어 주어야 했다.

뉴턴은 양도 보리도 돌보지 않고 제멋대로 자라게 놔 두었다. 집으로 돌아가서 식사하는 것조차 잊어버리기 일쑤였는데, 이 버릇은 어른이 되어서도 고쳐지지 않았다.

그의 어머니 한나는 실망도 컸지만 화도 단단히 났다. 그래서 뉴턴의 버릇을 고쳐야겠다는 작정으로 나이 많은 하인을 시켜 따라다니면서 감독하게 했다.

토요일 아침이면 그들은 그랜섬에 가서 농사일에 필요한 물건들을 구입하고 울스소프에서 키운 농작물을 팔았다. 그러나 그랜섬에 도착하자마자 뉴턴은 약재상의 다락방 보금자리로 도망갔다. 그곳에서 그는 클라크 씨와 형제지간인 조지프 클라크가 남겨 놓은 책들을 읽으며 하루를 보냈다. 어떤 때는 길가의 나무 울타리 밑에 적당히 자리잡고 책을 읽고 있으면, 일을 다 마친 하인이 집에 가는 길에 그를 불러 함께 돌아간 적도 있었다. 실제로 나중에 하인은 한나에게 뉴턴의 행동에 자주 불만을 터뜨렸다.

스토크스 교장의 눈물겨운 노력

뉴턴은 자신이 만들어 놓은 정신 세계에 빠져 살았다. 여러 가지 점에서 그 세계는 현실 세계에서 접했던 어떤 것들보다도 그에게는 더 현실적인 세계였다.

스토크스 교장 선생님은 천재적인 재능을 가진 뉴턴의 행보를 놓치지 않고 있었다. 드디어 그는 뉴턴을 위하여 나서기로 했다. 울스소프로 뉴턴의 어머니를 찾아간 것이다. 그리고 앞길이 탄탄한 재능 있는 소년을 시골 농장에 묶어 둔다는 것이 크나큰 손실이 아닐 수 없다고 말했다.

"뉴턴의 재산을 키우고 보존할 수 있는 유일한 방법은 그를 대학교에 보내는 것입니다."

그러면서 교장 선생님은 40실링을 내놓았다. 이 금액은 그랜섬에서 1.5킬로미터 이상 떨어진 곳에서 출생한 모든 학생들이 일 년 간 수업을 받을 수 있을 만한 액수였다. 넉넉하지 않은 형편에서는 선뜻 내놓을 수 없는 액수였다.

스토크스 교장이 뉴턴의 문제로 뉴턴의 어머니를 만나는 횟수가 늘어 갈수록, 돈이 없어서 대학교에 못 보낸다는 변명은 통하지 않게 되었다. 어머니는 자신이 고심 끝에 내린 뉴턴의 진로에 대한 결정이 쉽게 거부당한 것이 속상했다. 또 자신의 꿈이 산산이 부서지고 있다고 생각했을 것이다. 거의 문맹에 가까웠던 어머니에게 땅은 다른 어떤 것보다 중요했다.

그의 어머니는 믿고 따랐던 오빠 윌리엄 아이스코프를 찾아가 이 문제를 상의했다. 뜻밖에도 윌리엄은 교장 선생님의 편을 들면서 뉴턴이 학교로 돌아가야 한다고 말했다. 더 이상 선택의 여지가 없었다. 한나는 마지못해 아들이 학교로 돌아가는 것에 찬성했다. 이렇게 해서 뉴턴은 드디어 대학교에 갈 수 있게 되었다.

클라크 씨의 수양딸 캐서린과의 추억

뉴턴이 그랜섬으로 다시 돌아오자, 클라크 씨 댁의 수양딸이었던 캐서린 스토러를 비롯한 많은 사람들이 그를 환영해 주었다. 뉴턴은 캐서린과 그녀와 형제지간인 아서와 에드워드와 하이 스트리트의 집에서 살면서 서로 가깝게 지냈다. 팔십이 넘은 할머니가 되어서 캐서린은 유명인이 된 친구에 대해 이렇게 말했다.

"침착하고 말이 없으며 늘 생각에 잠겨 있던 소년이었습니다. 그래서 또래 친구들과 잘 어울리지 못했어요. 아마 뉴턴의 눈에는 아이들이 깔깔거리며 노는 모습이 바보스럽게 보였을 것입니다."

캐서린은 뉴턴을 추억하면서 둘 사이에 사랑의 감정이 있었다고 말했다. 한 지붕 밑에서 함께 성장했기 때문에, 뉴턴이 캐서린을 사랑한다는 소문이 났고, 캐서린도 굳이 이런 사실을 부정하지 않았다. 그러나 넉넉하지 못했던 뉴턴이 결혼을 하기는 어려웠다. 그리고 공부를 계속할 수 있을지도 불투명했다.

새로운 세계로의 출발

케임브리지대학교로 떠나기 전 마지막 몇 달 동안 뉴턴이 어떤 식으로 공부를 했는지는 알 수 없다. 라틴어는 학자라면 꼭 알아야 하는 언어였기 때문에, 교장이 그토록 아끼는 제자에게 고전 공부를 시켰을 것은 두말할 필요도 없었다. 따라서 그는 한 글자라도 더 가르쳐 주기 위해서 뉴턴을 무던히도 채근했을 것이다.

핀다로스와 오비디우스 같은 고대 시인들의 작품집은 뉴턴이 죽을 때까지 간직한 책들인데, 이 책들은 그 당시 학교 교재였으며 1659년에 출간됐다. 뉴턴은 어머니 한나가 유산으로 받았던 바르나바스 스미스의 책들도 읽었는데, 300권 정도 되는 그 책들은 주로 종교 서적이었다. 이 책들은 울스소프의 다락방 침실에 그가 손수 만든 책꽂이에 보관되어 있었는데, 얼마 지나지 않아서 뉴턴은 이 방에서 가장 의미 깊은 과학적 발견들과 수학식들을 완성해 낸다.

마침내 1661년 새로운 출발의 순간이 다가왔다. 스토크스는 열여덟 살이 된 뉴턴에게 교실 앞으로 나오라고 했다. 그에게는 뉴턴을 돌보았음을 자랑스러워하는 티가 역력하게 났다. 교장 선생님의 눈에는 눈물이 가득 찼다. 그는 한 소년의 모범적인 학교 생활을 칭찬해 주면서 다른 소년들도 그를 본받아 행동해 주기를 당부하는 연설을 했다.

킹스 스쿨의 창문틀에는 뉴턴의 존재를 확인할 수 있는 것이 있다. 마치 자신을 따를 후세들이 보게 될 것이라고 예상이나 했던 것처럼 뉴턴은 펜촉 다듬는 칼로 다음과 같은 짤막한 두 단어를 새겨 놓았다.

"나는, 뉴턴(I, Newton)."

시간에 관심이 많았던
뉴턴이 발명한 해시계와 물시계

어릴 때부터 뉴턴은 움직이는 물체의 힘에 관심이 많았다. 그리고 이것은 시간에 대한 그의 깊은 관심과 떨어뜨려 생각할 수 없는 것이었다. 뉴턴은 킹스 스쿨에 들어가기 전부터 태양의 움직임을 연구했다.

울스소프 시골 집에서도 슬레이트 지붕과 벽과 집 앞의 뜰을 통과하는 태양을 쫓아가는 데 정신이 팔려 있었다. 그 집에는 뾰족한 송곳 같은 것을 이용해 두 개의 해시계를 남향 창문 옆에 새겨 놓았다. 그랜섬의 클라크 씨 집에도 한쪽 벽면에 똑같은 해시계를 새겨 놓았는데, 이번에는 한 시간 간격과 반 시간 간격까지 새겨 놓았다.

스터클리의 말에 따르면, "사람들은 그것을 아이작의 해시계라고 불렀으며, 또 그것을 보고 몇 시인지 알 수 있었다." 어른이 되어서도 뉴턴은 연구실 벽에 그림자가 드리워진 정도를 보고 몇 시인지 알 수 있었다고 한다. 그의 이러한 시간 측정법은 시계처럼 정확했다.

뉴턴이 만든 수많은 작동 모형 중에서도 사람들의 관심을 가장 많이 끌었던 것은 물시계였다. 클라크 씨의 한 친척이 그에게 주었던 나무 상자로 만든 것이었다. 그것은 1.2미터 정도의 높이로 꼭대기에는 숫자가 씌

어 있고 바늘의 움직임에 따라 시간을 알 수 있었다. 물방울이 규칙적으로 한 방울씩 떨어지는 것에 따라서 나뭇조각 하나가 번갈아가며 내려갔다 올라갔다 했는데, 이 나뭇조각이 움직일 때마다 바늘이 함께 움직였던 것이다.

뉴턴은 서투르게 아무것이나 만들며 노는 어린아이가 아니었다. 그는 레오나르도 다 빈치와 벤저민 프랭클린처럼 생각이 있었고, 자신의 생각을 담아낼 수 있는 장치를 만들며 놀았다.

2

진리는 나의 가장 소중한 친구

1690년대 케임브리지대학교의 트리니티 칼리지의 모습

뉴턴이 쓰던 방은 정문과 예배당 사이의 오른쪽 1층에 있었다.

“기독교를 신봉하는 나라의 학교 중에서 가장 평온하고 특이한 학교다.”

17세기에 활동했던 토머스 풀러라는 학자가 케임브리지대학교의 트리니티 칼리지를 두고 했던 말이다.

트리니티 칼리지의 정문 외벽에는 설립자인 헨리 8세의 동상이 있다. 헨리 8세는 여섯 명의 부인을 차례로 갈아치우며 영국 왕실의 역사에 유례없는 기록을 남겼다. 뉴턴의 눈에 처음 들어온 것도 아마 이 동상이었을 것이다. 그리고 그는 근 40년 간을 이 동상이 있는 건물에서 머물게 된다.

학교에는 예배당과 학장의 개인 주택과 시인들의 복도가 있었으며, 장정 여섯 명이 힘을 모아야 움직일 수 있는 거대한 헨리 왕의 초상화가 있었다. 그리고 들보를 올린 천장이 인상적이었던 커다란 식당이 있었다.

고딕양식의 건물 너머로는 푸른 잔디밭이 캠강까지 펼쳐져 있었다. 바깥 세상을 접해 본 적이 없는 뉴턴에게는 이런 학교에 다니게 된 것이 기적 같은 일이었다. 하지만 한편으로는 두려움이 앞서기도 했다.

근로 학생이 되어 스스로 생활비를 벌다

뉴턴은 근로 학생 자격으로 대학에 들어갔다. 뉴턴은 식당에서 일을 하거나 선배나 특별 연구생의 심부름을 했다. 또 아침 예배 시간에 늦지 않도록 부자인 동료들을 새벽에 깨워 주면서 돈 문제를 해결했다.

　뉴턴의 어머니는 경제적으로 여유가 있었지만 자기 고집대로 하는 아들에게 아무것도 해주고 싶지 않았던 것 같다. 하여튼 뉴턴은 생활비를 스스로 해결해야만 했다.

　한편 뉴턴을 힘들게 만들었던 일이 또 있었다. 1661년 여름, 뉴턴은 열아홉 살이 되었다. 반면에 그가 시중을 들어주었던 동료들은 대개 그보다 한 살이나 두 살이 어렸다. 이래저래 그는 동료들과 멀어졌다.

트리니티 칼리지 시절에 남긴 메모

　뉴턴은 생활비 외에도 또 다른 어려움을 겪게 된다. 대학에서 플라톤과 아리스토텔레스 철학, 수사학이라고 불렸던 대화술, 논리학, 윤리학, 역사학 등을 비롯한 많은 고전들을 배우게 되었던 것이다. 학교 수업을 듣고 논문을 써서 제출하고 항상 노트를 지니고 다니는 게 뉴턴의 하루 일과였다. 지금 남아 있는 노트 중에 갈색 가죽 표지의 낡은 노트에는 "아이작 뉴턴, 트리니티 칼리지, 케임브리지, 1661년"이라고 써 놓은 뉴턴의 친필을 볼 수 있다.

뉴턴을 연구하는 학자들은 이 노트를 '생각의 샘'이라고 부른다. 이 노트의 맨 첫 장은 아리스토텔레스의 저서에 나오는 내용을 메모해 놓은 것으로 시작된다. 아름다운 글씨체로 정성스럽게 써 내려간 메모 내용을 보면, 지금도 빛을 잃지 않고 있는 고대의 위대한 사상가에 대한 끝없는 존경심을 엿볼 수 있다. 그 뒤로는 몇십 페이지가 비어 있는 채로 넘어가다가, 이전에 메모해 놓은 것들과는 전혀 다른 내용이 나온다.

트리니티 칼리지에 입학한 지 3년째 되던 해인 1663년 어느 날부터 '철학적 문제들 몇 가지'라는 제목이 붙은 새로운 장이 시작된다. 뉴턴은 무엇보다도 자신에게 중요한 이야기를 새 장의 첫 페이지 꼭대기에 써 놓았다.

"플라톤은 나의 친구다. 아리스토텔레스는 나의 친구다. 그러나 진리야말로 누구보다도 더 소중한 나의 친구다."

읽는 이의 마음을 찡하게 하는 문구다. 또 그는 앞으로 자신이 연구하게 될 다양한 주제들을 표로 만들어 놓았다. '공기'와 '흙' 그리고 '물질'에서 '시간과 영원' '영혼' 그리고 '수면'에 이르기까지 뉴턴의 관심은 다양하게 뻗어 나가고 있다. 여기에는 제목만 씌어 있는 것도 있고, 빈 칸으로 있는 것도 있고, 몇 개의 문장에서 수십 페이지에 이르는 내용들이 씌어 있는 것도 있다.

이 시기에 쓴 메모에서는 그의 유려한 글씨체를 찾아보기 어렵다. 글씨체를 보면 생각에 쫓겨 급하게 글을 써 내려가는 젊은 뉴턴의 모습이 떠오른다.

'자연철학자' 코페르니쿠스 사상과의 만남

한편 뉴턴이 활동하던 시대는 그때까지의 세계관과는 다른 생각을 가진 사상가들이 많이 나타나서 근대적인 세계관을 만들어 갔다. 이들의 저서를 읽으며 뉴턴은 많은 지식을 쌓았다. 이 사상가들을 당시에는 '자연철학자'라고 불렀는데, 그때는 과학자라는 단어가 없었다. 과학자라는 단어는 19세기나 되어서야 쓰이게 됐다.

니콜라우스 코페르니쿠스의 저서 또한 뉴턴에게 많은 영향을 끼쳤다. 폴란드에서 태어난 천문학자 코페르니쿠스는 1543년 지구를 비롯한 행성들이 태양 주위를 돈다고 주장함으로써, 아리스토텔레스와 당시 학계의 권위에 도전장을 던졌다. 지구가 우주의 중심에 붙박여 있는 게 아니라 움직이고 있다는 그의 주장은 2,000년 동안 사람들이 따르던 믿음을 완전히 뒤집는 것이었다.

1543년, 폴란드의 천문학자였던 코페르니쿠스(1473~1543)는 지구와 다른 행성들이 태양의 둘레를 돈다는 이론을 세웠다. 이는 지구가 우주의 중심이라는 오랜 믿음에 대한 도전이었다. 이 그림은 그의 저서에서 인용한 것으로, 태양이 우주의 중심으로 분명하게 표시되어 있다.

그 뒤를 이어 다른 학자들이 코페르니쿠스가 제시한 이론을 수학과 실험을 통해 입증했다. 그 중에서도 독일 태생의 천재적인 천문학자 요하네스 케플러는 행성의 운동 법칙을 최초로 정리했다.

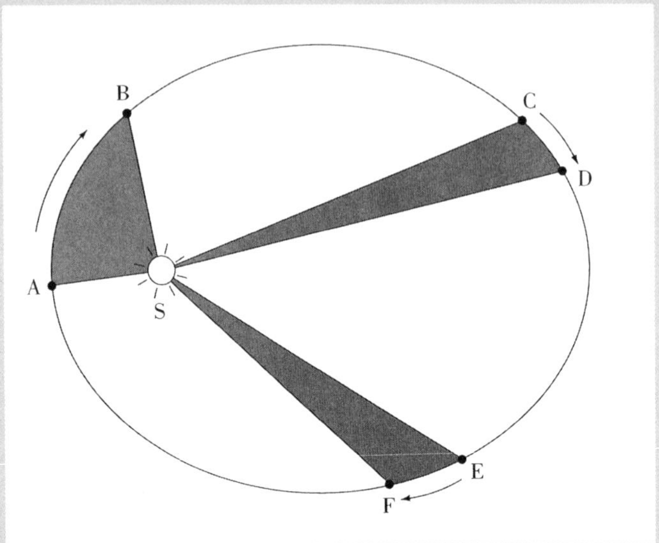

케플러의 '행성의 운동 법칙'

독일의 천문학자였던 케플러(1571~1630)는 행성의 운동 법칙을 세웠다. 그의
제1, 2법칙에 따르면, 행성은 태양의 둘레를 타원형을 그리며 공전하며, 동일
한 시간에 동일한 면적을 그리며 운동한다. 즉 행성이 태양에게서 멀리 떨어
져 있을 때는 공전 속도가 느려지며, 또 태양에 가까이 있을 때는 공전 속도
가 빨라진다. 그러면서 SCD, SEF, SAB의 면적이 같아진다.

뉴턴은 또한 이탈리아가 낳은 천재 갈릴레오 갈릴레이(1564~1642)의 저서도 접했다. 갈릴레이와 케플러는 편지로 서로의 생각을 나누었는데, 뉴턴이 태어나던 해에 세상을 떠났다. 갈릴레이는 망원경을 이용한 것으로도 유명했다. 그뿐만 아니라 자신이 직접 만든 수많은 도구를 이용해 1609년 드디어 행성과 달 그리고 별 들을 관측했다.

관측 결과 갈릴레이는 놀라운 것들을 발견했다. 그는 달 표면에 솟아 있는 산과 움푹 파인 크레이터, 태양 속의 점, 금성이 기울었다가 차는 모습, 목성의 달 등을 관찰했다. 그리고 그 별들 너머 우주의 심연을 바라보면서 은하수의 비밀을 보게 되었다. 그는 이렇게 적고 있다.

"사실 은하수는 헤아릴 수 없이 많은 별들이 한데 모여 있는 것일 뿐이다. 이들 중 상당수는 크고 밝은 별이지만, 작은 별들도 셀 수 없을 정도로 많다."

이것이 혁명적인 내용을 담고 있는 《별의 전령》이라는 그의 논문집에 실려 있는 은하수의 모습이다.

코페르니쿠스가 지구도 하나의 행성이라고 말한 것처럼, 천체나 인류가 살고 있는 지구는 동일한 물질로 이루어져 있고 똑같은 법칙의 지배를 받는다는 점에서 근본적으로 다르지 않다.

1633년 갈릴레이는 로마의 가톨릭 교회로부터 '코페르니쿠스 사상'을 가르쳤다는 이유로 유죄 선고를 받는다. 그가

이탈리아의 과학자 갈릴레오 갈릴레이
뉴턴은 갈릴레이의 운동 법칙을 이용하여 자신의 물리 법칙을 발전시켰다.

성경의 가르침과는 대립되는 사상을 퍼뜨렸다는 것이다. 당시에는 교회의 권위에 도전한 사람들 대부분이 고문당하거나 감옥살이를 했다. 갈릴레이는 다행히 그런 벌을 받지는 않았지만 평생 동안 집 안에 갇혀 지내야만 했다. 하지만 그는 녹내장이라는 병에 걸려 시력을 잃는 시련을 당하는 중에도 연구를 계속했다.

뉴턴의 관심은 여기에서 그치지 않았다. 과학사에 길이 남을 갈릴레이의 다른 발견들 역시 젊은 뉴턴을 사로잡았다.

"모든 물체는 원자라는 물질로 이루어졌다"

뉴턴의 머리는 책에서 읽은 것들로 가득 찼다. 가장 작은 물체의 움직임부터 가장 큰 물체의 움직임에 관한 생각들이 뉴턴을 붙잡고 놓아주지 않았다. 그 밖에 고대 현인들의 가르침도 놓치지 않았다. 특히 기원전 4세기에 활동했던 고대 그리스 철학자 데모크리토스가 주장한 물질 이론에 관심이 무척 많았다.

데모크리토스는 모든 사물은 원자라고 불리는 눈에 보이지 않는 아주 작은 물질로 이루어져 있다고 말했다. 모든 사물은 지구나 태양처럼 아주 커다란 것도 동일한 물질로 이루어져 있으며, 다만 크기와 무게와 모양이 다를 뿐이며, 이 입자들이 끊임없이 소용돌이치면서 운동함으로써 지금의 우주와 세계가 만들어졌다는 것이다. 뉴턴은 이러한 생각을

‘생각의 샘’ 노트에 이렇게 적어 놓았다.

“최초의 물질은 원자임에 틀림없다. 그리고 이 물질은 알아볼 수 없을 정도로 작을 것이다.”

자신만의 과학적 방법에 따라 탐구하다

뉴턴이 트리니티 칼리지에 다닐 때 썼던 노트를 보면 아리스토텔레스와 그를 따르던 사람들의 주장에 강하게 반발했던 것을 알 수 있다. 여기에서 앞으로 자연철학자로 활동할 젊은 뉴턴의 자질을 엿볼 수 있다. 뉴턴은 그때 이미 갈릴레이가 믿고 따랐던 실험적인 방법에 관심이 많았다.

사람마다 받아들이는 감각이 다르기 때문에 똑같은 현상을 보고도 사람마다 다른 영향을 받는다. 그래서 뉴턴은 이렇게 썼다.

“사물이 원래 갖고 있는 성질을 알려면, 감각에 따르는 것보다는 사물들이 서로 어떻게 작용하는지 따져 보는 것이 더 믿을 만하고 옳은 방법이다.”

그리고 영혼과 몸에 대해 설명할 때도 “개인마다 제멋대로 해석해서는 안 된다”라고 썼다.

그다음부터 뉴턴은 자연에 대해 의문이 생기면, 새로운 과학적 방법을 생각해 보고 기본적인 단계를 밟아 탐구했다. 즉 자료를 모으고 가설을 세우고 실험했다. 그러고 나서 그 가설을 입증하려고 노력했으며, 가설이 잘못되었으면 곧

바로 없애버렸다.

새로운 사상을 주장하는 자연철학자들의 책으로 공부할 때도, 뉴턴은 자신만의 과학적 방법으로 그 내용들을 확인했다.

잠자는 것도 잊게 만든 혜성 관찰

하늘의 별들에 푹 빠지게 되자, 그는 밤하늘을 가로지르는 혜성들을 뒤쫓기 시작했다. 1664년 12월 오전 4시 30분, 학생들 모두가 잠에 빠져 있을 때 그는 처음으로 혜성을 보았다. 그리고 1665년 4월 초에 두 번째로 혜성을 관찰하면서 뉴턴은 벅찬 감동을 느꼈다. 그러면서 이 빛나는 물체가 어떻게 저 푸른 하늘을 그렇게 빠른 속도로 운동할 수 있는지 궁금했다.

뉴턴은 의지가 강했고 또 한번 마음먹은 것은 꼭 해내고야 마는 체질이었다. 하지만 그에게도 한계는 있었다. 나중에 뉴턴은 친척이었던 존 콘두이트에게 이때의 일을 말해 주었다. 밤하늘을 관측하는 데 너무 빠져 있어서 아침에서야 잠자리에 들 때가 많았는데 그 때문에 낮에 활동하는 데 어려움이 많았다고 한다.

트리니티 칼리지의 학장이었던 존 노스는 뉴턴이 "만약

혜성
태양의 둘레를 타원이나 포물선의 궤도를 따라 도는 긴 꼬리를 가진 천체이다. 달 궤도보다 먼 거리를 지나며, 가장 잘 알려진 혜성은 76년마다 찾아오는 핼리 혜성으로, 기원전 239년에 처음 발견되었다.

1664년 12월 24일 독일 뉘른베르크 하늘 위를 번개처럼 지나간 혜성의
모습을 묘사한 익명의 그림.

에 여러 가지 실험으로 그렇게 바쁘지 않았더라면, 그는 아마 공부하다가 죽었을 것”이라고 말했다.

몸을 돌보지 않는 뉴턴의 실험 정신

뉴턴의 과학에 대한 열정은 피로와 병이 찾아와도 식을 줄 몰랐다. 실험을 하다가 하마터면 시력을 잃어버릴 뻔한 일도 있었다.

거울에 비친 태양의 영상을 보기 위해 실험할 때였다. 처음에는 오른쪽 눈으로 유리에 반사된 햇빛을 관찰하고 고개를 다른 곳으로 돌렸다. 그러자 색깔들이 원형으로 나타났다가 점차 사라졌다. 그는 용기백배하여 두 번째와 세 번째에는 양쪽 눈으로 태양 빛을 바라보았다. 갑자기 눈에 막이 낀 것처럼 보는 것들마다 색깔들이 어른어른하게 나타났다. 책을 보거나 하늘에 떠 가는 구름을 볼 때도 마찬가지였다. 시간이 지나면서 상태가 더욱 나빠져 뉴턴은 캄캄한 방에서 며칠을 보내야 했다. 그는 노트에 이렇게 적고 있다.

“나는 태양의 영상에 접근하려고 온갖 노력을 다 했다. 그 보답인지 내가 태양에 대해 생각만 하면 캄캄한 방에서도 그 모습이 금방 떠올랐다.”

점차 시력이 돌아왔다. 하지만 몇 달 뒤까지도 태양을 생각하기만 해도 “커튼을 치고 침대에 누워 있는 한밤중에도” 그 색깔들이 어른어른하게 나타났다고 한다.

자연의 법칙에서 발견한 신의 손길

1664년은 뉴턴의 생애가 자연철학자로서 거의 굳어진 해였다. 뉴턴은 우주가 합리적이고 기계적인 법칙들의 지배를 받는다고 생각하는 지식인들의 모임에 합류했다. 이들은 과학적인 방법을 사용한다면 자연의 비밀은 스스로 모습을 드러낸다는 신념을 가지고 있었다.

그러나 뉴턴은 자연의 정확성이 순전히 우연의 결과라고만은 생각하지 않았다. 그는 눈에 보이지 않는 이면에 잘 짜여진 계획과 뚜렷한 방향이 있다고 느꼈다. '신에 대하여'라는 제목으로 다음과 같이 써 놓았다.

"만일 인간과 동물이 원자들의 우연한 혼합에 의해 생겨난 것이라면, 그 속에는 아무런 쓸모도 없는 부분들이 널려 있을 것이다. 한 줌의 살덩어리에 불과한 부분이 지나치게 많아지는 것이다. 그렇게 되면 눈이 한 개밖에 없거나 두 개 이상 되는 동물도 있을 수 있다."

뉴턴은 점차 자연에서 발견되는 통일성은 신이 만든 것이라고 확신하게 되었다. 원자나 기계적 원리가 아무리 신비롭게 보여도 창조주의 지혜와 지식에 비한다면 아무것도 아니었다.

트리니티 칼리지에서의 수학 연구

'생각의 샘'에는 뉴턴이 수학자였다는 사실을 알려 주는 대목이 별로 없다. 그러나 다른 사실들로 미루어 보아 이 노트를 쓰고 있던 시기에 수학을 깊이 연구하고 있었다는 것을 알 수 있다. 다음은 프랑스인 수학자이며 나중에 뉴턴이 이끄는 모임의 회원이었던 아브라암 드 무아브르가 남긴 이야기다.

뉴턴이 트리니티 칼리지의 대학생이었을 때 스터브리지 장을 구경 간 적이 있었다. 이것 저것 살펴보던 뉴턴은 호기심에 천문학 책을 한 권 샀다. 그 책에는 천체를 설명하는 그림이 나오는데, 삼각법에 대해 아는 게 없었던 뉴턴은 그 그림을 도무지 이해할 수 없었다. 뉴턴은 그다음 날로 삼각법에 관한 책을 한 권 샀지만, 그래도 그 내용을 완전히 이해할 수 없었다.

그래서 고대 기하학자인 유클리드의 책을 찾아 읽었다. 거기에는 아주 간단한 내용들이 실려 있어 뉴턴도 쉽게 읽을 수 있었다. 하지만 그는 곧 유클리드를 과소 평가했다는 것을 깨달았다. 그래서 뉴턴은 훨씬 더 주의를 기울여 그 책을 한 번 더 읽었다.

유클리드

고대 그리스의 수학자로서 '기하학'의 체계를 완성했다. 그가 쓴 《원론》은 당시의 기하학에 관한 지식을 총망라했을 뿐 아니라 피타고라스 · 플라톤 학파의 지식을 집대성해 놓았다.

데카르트의 《방법 서설》

17세기 프랑스의 철학자인 데카르트는 진리를 알기 위해서는 모든 것을 의심해 보아야 한다고 했다. 그와 같은 자신의 진리 탐구 방법에 대해 쓴 책이 《방법 서설》이다. 이 책 속에서 데카르트는 "나는 생각한다. 따라서 나는 존재한다"라는 결론에 이른다. 책 속의 논문인 〈기하학〉에서 직교좌표계를 제시하여 해석기하학을 창시했다.

다음으로 뉴턴은 윌리엄 오트레드의 논문집인《수학의 열쇠》와 르네 데카르트의 해석기하학에 관한《방법 서설》을 조금씩 공부하기 시작했다. 이 책들은 "상당히 어려웠을 뿐만 아니라 한 단계씩 한 단계씩 짚어 나가면서 그 내용들을 완전하게 이해하고 넘어가야 했던" 책들이었다. 그는 처음 접하는 내용을 볼 때마다 몇 번이라도 앞으로 되돌아가 읽었던 내용들을 다시 한 번 되새겨서 읽었다.

누구의 도움도 받지 않고 독학으로 정복한 수학

뉴턴은 수학 공부를 할 때 다른 사람의 도움을 받지 않았다. 독학으로 수학을 정복한 것이다.

뉴턴의 지도 교사이자 그리스어 교수였던 풀린도 기껏해야 용기를 줄 뿐이었다.

나중에 뉴턴은 수학과 자연철학을 독학했던 일에 대해 말했다. 자신은 잊고 싶은 경험이라고 했지만 그것은 가장 뉴턴다운 방법이었다. 그는 힘든 탐구 작업을 혼자 시작하고, 혼자 끝까지 해냈다. 다른 사람들의 눈을 피해 외부와 담을 쌓고 자신만의 세계에 들어가 모든 일을 완수했다.

영국의 자연주의자였던 찰스 다윈 역시 이러한 세계를 잘 이해했던 사람이었다.

찰스 다윈 1731~1802
19세기 영국에서 태어난 다윈은 생물 진화론의 정립에 공헌했으며,《종의 기원》이라는 책을 썼다. 남아메리카와 남태평양의 여러 섬, 특히 갈라파고스 군도를 탐사하면서 동식물과 지질 등을 조사해 진화론을 제창하는 데 필요한 기초 자료를 모았다.

다윈은 남아메리카의 고원 지대를 답사할 때 영어를 전혀
모르는 원주민들과 함께 아무 말도 나누지 않고 묵묵히 걷
기만 했던 일이야말로 가장 보람 있는 경험이었다고 했다.
그때 그는 일기에 이렇게 적어 놓았다.

"내 마음속에 떠오르는 것들을 하나도 놓치지 않았던 것
이 나의 기쁨의 전부였다."

나이가 들어 뉴턴은 사람들에게 신처럼 존경받는 인물이
되었다. 사람들이 어떻게 그런 위대한 발견을 하게 되었냐
고 물으면 그는 이렇게 대답했다.

"진리는 침묵과 끊임없는 명상의 결과입니다."

유일한 친구 존 위킨스와의 만남

한편 유일하게 이러한 침묵을 깨고 들어올 수 있던 사람
이 있었다. 바로 맨체스터 그래머 스쿨 교장 선생님의 아들
이었던 존 위킨스였다. 위킨스는 이때의 일을 자기 아들 니
콜라스에게 말해 주곤 했다. 뉴턴과 위킨스는 트리니티 칼
리지에 다닐 때 우연히 만났다.

어느 날 위킨스는 전혀 예의를 지키지 않는 한 방 친구와
심하게 다투었다. 기분이 몹시 상해서 방에서 나와 산책을
하는데 우연히 똑같이 한 방 친구와 다투고 나온 뉴턴과 만
나게 되었다. 뉴턴 역시 위킨스처럼 무례한 한 방 친구 때문
에 힘들었던 것이다.

나중에 위킨스의 아들인 니콜라스는 이렇게 회상한다.

"아버지와 뉴턴은 정신없이 날뛰는 한 방 친구들에게서 벗어나 앞으로는 둘이서 함께 방을 쓰자는 데 동의했습니다. 두 분은 최대한 서둘러서 방을 바꾸었고, 하여튼 아버지가 대학에 계시는 동안 두 분은 같은 방을 썼습니다."

위킨스와 뉴턴의 각별한 우정은 거의 20여 년 동안이나 지속되었다. 한 가지 불행한 일은 존 위킨스가 뉴턴의 일생에서 가장 창조력이 활발하던 시기를 함께 보냈으면서도 그 소중했던 시절에 대해 아무런 기록을 남기지 않았다는 점이다.

뉴턴과 위킨스는 서로 마음도 잘 맞았을 뿐만 아니라, 술이나 도박 그리고 동료 학생들이 즐겨 했던 기이한 행동들에 전혀 관심이 없었다는 점에서도 뜻이 잘 통했다.

유산으로 물려받은 돈으로 시작한 돈놀이

1662년 쓴 뉴턴 고백록을 보면, 하느님보다 "돈에 더 마음이 쓰였다"라고 인정하는 대목이 나온다. 계속 읽다 보면, 이런 죄를 자꾸만 저질러서 괴로웠다고 고백하는 부분이 나오는데, 넉넉하지 못한 학창 시절을 보내는 것이 뉴턴에게도 쉬운 일만은 아니었던 것 같다.

1663년 뉴턴은 스물한 살이 된다. 생일 축하를 받은 후 뉴턴은 궁핍한 생활에서 벗어나게 된다. 새아버지 스미스 목사가 유산으로 남긴 땅에서 나오는 상당한 돈을 자기 마음

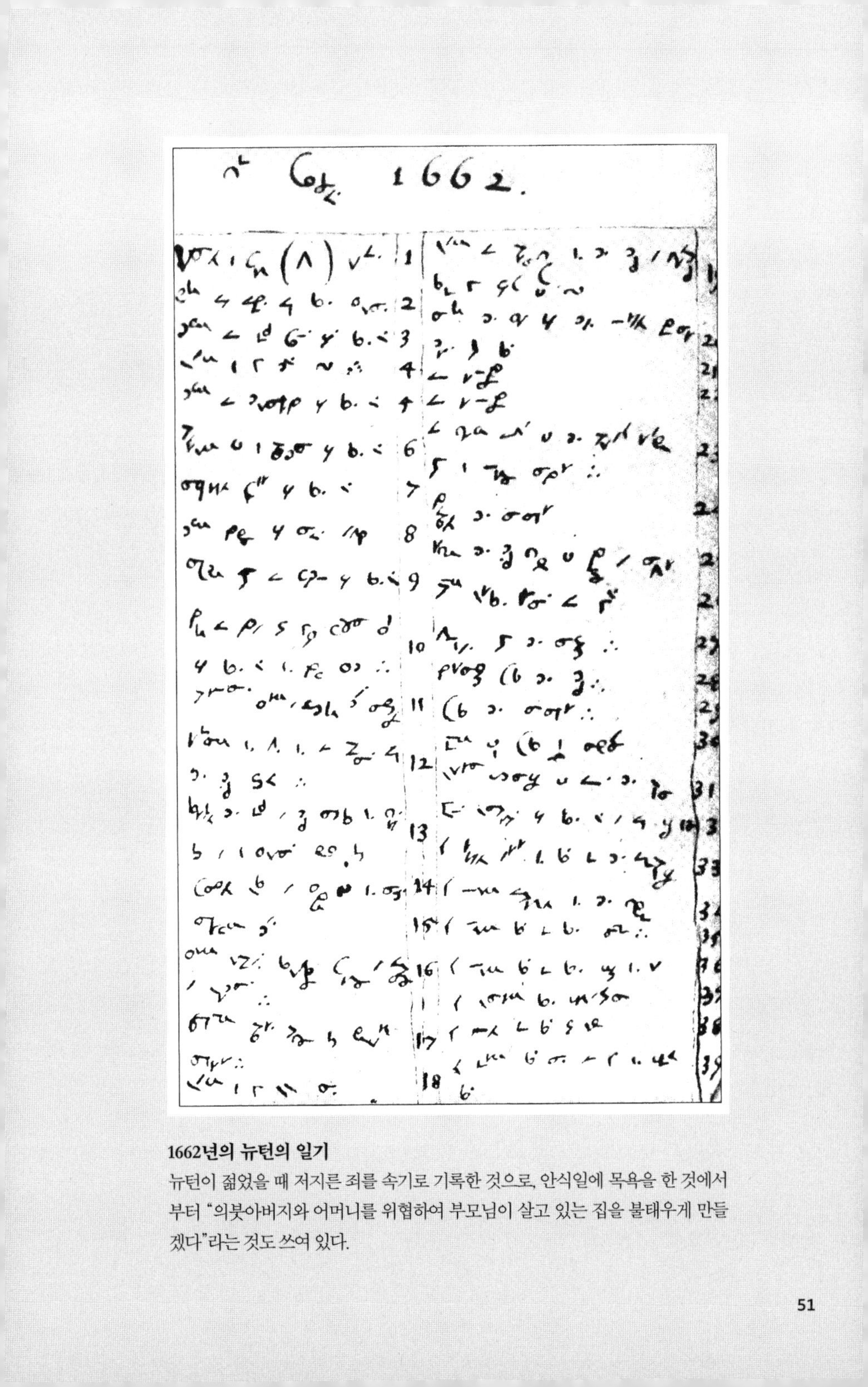

1662년의 뉴턴의 일기

뉴턴이 젊었을 때 저지른 죄를 속기로 기록한 것으로, 안식일에 목욕을 한 것에서 부터 "의붓아버지와 어머니를 위협하여 부모님이 살고 있는 집을 불태우게 만들 겠다"라는 것도 쓰여 있다.

대로 처분할 수 있게 된 것이다. 식당 일이나 심부름 따위는 하지 않아도 되었다.

자연철학자로서 소양을 쌓아 가던 뉴턴은 이제 학생 신분으로 친구들에게 돈을 빌려주는 일을 한다. 그가 거래했던 내역들이 '생각의 샘'에 정리되어 있는데, 돈을 빌려 간 친구의 수가 꽤 많았다. 그걸 보면 뉴턴이 엄벙덤벙하게 남 좋은 일만 하고 다니지는 않았다는 것을 알 수 있다.

고지식한 사람답게 그는 한 번에 일 파운드 이상은 빌려주지 않았으며, 모든 돈을 '매주 금요일에' 한꺼번에 수금했다. 이자로 얼마를 붙였는지는 확실하게 알 수 없다. 그러나 친구들 대부분이 뉴턴에게 빚을 지고 있는 셈이 되었다. 그래서 뉴턴에게 호감을 가질 수 없었을 것이다. 결국 이 일로 뉴턴은 친구들과 더욱 더 멀어졌다.

'근로 학생'의 딱지를 떼고 '장학생'이 되다

1664년에 뉴턴은 장학생 시험에 통과한다. 지긋지긋한 '근로 학생'이라는 딱지를 떼어 버리고, 공식적으로 '장학생'이 된 것이다. 이제 뉴턴은 공짜로 식사할 수 있게 되었으며, 정기적으로 장학금을 받을 수 있었다.

그러나 무엇보다도 그에게 의미가 컸던 것은, 트리니티 칼리지에 남아서 석사 학위를 딸 때까지 계속 공부를 할 수 있다는 것이었다. 만약 일이 잘 풀려 특별 연구원 자격을 얻는다면 케임브리지대학교에 평생 머물 수도 있었다. 그리고 그의 곁에 늘 있었던 위킨스도 같은 계획을 세웠다.

그즈음 하이 스트리트에 살던 캐서린 스토러는 소꿉 시절의 연인과 결혼할 수 있을 거라는 한 가닥 희망을 완전히 접는다. 그리고 그랜섬에서 활동하던 변호사 프랜시스 베이컨의 청혼을 받아들인다. 하지만 뉴턴은 캐서린이 결혼한 뒤에도 오랫동안 그녀의 친구로 남아 있었다. 뉴턴은 링컨서에 들를 때마다 캐서린을 찾아갔으며, 가끔 작은 선물도 주었다.

트리니티 칼리지에서의 졸업 자격 시험

장학생이 된 지 일 년이 채 안 되어, 뉴턴은 동료 몇 명과 함께 졸업 자격을 얻기 위해 마지막 관문으로 몇백 년의 전통을 지닌 시험을 치렀다. 그 시험은 주로 고대와 중세 사상가들의 가르침을 묻고 대답하는 것이어서, 생각을 논리적으로 정리하여 말하고 논쟁을 잘하는 사람에게 많은 점수를 주었다.

한 세대가 지난 다음 윌리엄 스터클리가 케임브리지대학교의 학생이 되었을 때, 뉴턴이 2등을 차지했는데 '사람들이 존경할 만한' 것은 아니었다는 애기를 들었다. 그러나 그것은 스터클리의 말대로 전혀 뉴턴답지 않은 결과도 아니었다.

"뉴턴이 뛰어난 재능을 갖고도 그런 형편없는 점수를 받은 것이 별로 이상할 것은없다. 누구나 인정하듯 그는 독학

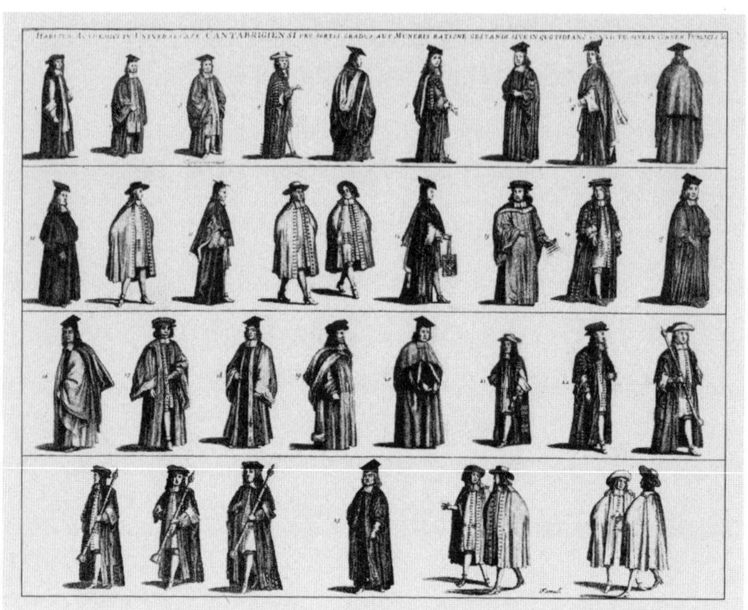

하느라 바빴다. 멋있는 말을 골라낸다거
나 중요하지도 않은 논리를 세운다거나
하는 일에 매달릴 시간이 없었다. 물론 지
금도 대학에서는 이런 것들이 학교를 졸
업하기 위한 중요한 요건이 된다."

어쨌거나 뉴턴과 스물다섯 명의 학생은
1665년 봄에 트리니티 칼리지에서 졸업 자격을 땄다.

뉴턴이 트리니티 칼리지에서 학창 시절을 보내며 써 갔던
'생각의 샘'을 보면 뉴턴에게 진리야말로 무엇보다도 '소중
한 친구'였다. 또한 울스소프가 아니라 케임브리지에서 뉴
턴의 천재성이 발휘되었다는 사실도 알 수 있다.

행성의 운동 법칙을
수학적으로 설명한 케플러

케플러의 제1법칙은 각 행성의 공전 궤도 즉 태양을 도는 경로가 타원형이라는 것이다. 행성은 태양 둘레를 완만하게 찌그러진 풍선 모양을 그리면서 돌고, 태양은 중심에서 약간 벗어나 있다. 따라서 태양과 행성의 거리는 멀어지기도 하고 가까워지기도 한다.

행성의 공전 궤도가 완전한 원이라는 낡아 빠진 개념을 뒤흔들어 놓은 다음 케플러는 제2법칙을 내놓는다. 즉 행성의 공전 속도는 일정하지 않으며 태양과의 거리에 따라서 변한다는 것이다. 행성이 태양에서 가장 멀리 있을 때 행성의 이동 속도는 떨어지며, 반대로 태양에 접근하게 될 때 증가한다.

케플러의 제3법칙은 태양과 행성 간의 평균 거리와 공전 궤도를 한 번 완주하는 데 걸리는 시간, 즉 천문학 용어로 공전 주기의 관계를 정립해 놓은 것이다.

행성이 자신의 궤도를 벗어나지 않고 유지할 수 있게 만드는 우주의 원리를 정식화하는 문제는 앞으로 젊은 뉴턴이 할 일이다. 하지만 천체 현상을 수학식으로 설명하려는 시도는, 케플러가 자신의 생각을 펼치고 연구를 진행시키면서 수학을 끌어들인 것이 계기가 되었다. 갈릴레이는 실

험적인 방법을 통해서 아리스토텔레스의 이론을 뒤집어 버렸다.

케플러가 행성의 운동 법칙을 정식화하는 데 노력을 쏟고 있는 동안, 갈릴레이는 지구에서의 물체 운동을 지배하는 법칙을 발견하는 데 전력했다. 피사대학교의 교수로 있으면서 그는 무거운 물체가 가벼운 물체보다 빨리 떨어진다는 그때까지의 생각이 잘못되었다는 것을 발견했다.

시간 간격을 정확하게 맞추는 데 신경을 써 여러 차례 실험을 반복한 결과, 그는 떨어지는 물체의 가속도는 시간에 비례해서 커지며 물체의 무게와 밀도와는 아무런 관계가 없다는 것을 알았다.

따라서 공기의 저항이 없다면, 깃털 한 개나 대포알 한 개나 동시에 땅에 떨어진다. 진공 용기나 진공 방에서 이 실험을 했다면 모든 사람을 충분히 설득시킬 수 있었다.

더 나아가 갈릴레이는 물체의 정지 상태가 물체의 자연스러운 상태라는 수천 년 된 믿음을 무너뜨리는 데 성공했다. 오히려 그는 관성의 원리를 주장한다. 관성의 원리란 운동하고 있는 물체는 계속 직선 운동을 하려는 본성을 갖고 있다는 것이다. 이러한 개념은 지표면에서 구르고 있는

공에도 또 회전하고 있는 행성에도 적용된다. 일종의 저항을 받을 때만
운동하는 물체의 속도와 방향이 바뀐다는 것이다.

Ioannis Keppleri

HARMONICES
MVNDI
LIBRI V. QVORVM

Primus GEOMETRICVS, De Figurarum Regularium, quæ Proportiones Harmonicas constituunt, ortu & demenstrationibus.
Secundus ARCHITECTONICVS, seu ex GEOMETRIA FIGVRATA, De Figurarum Regularium Congruentia in plano vel solido:
Tertius propriè HARMONICVS, De Proportionum Harmonicarum ortu ex Figuris; doque Naturâ & Differentiis rerum ad cantum pertinentium, contra Veteres:
Quartus METAPHYSICVS, PSYCHOLOGICVS & ASTROLOGICVS, De Harmoniarum mentali Essentiâ earumque generibus in Mundo; præsertim de Harmonia radiorum, ex corporibus cœlestibus in Terram descendentibus, eiusque effectu in Natura seu Anima sublunari & Humana:
Quintus ASTRONOMICVS & METAPHYSICVS, De Harmoniis absolutissimis motuum cœlestium, ortuque Eccentricitatum ex proportionibus Harmonicis.

케플러가 쓴 《세계의 조화》 표지

3

흑사병과 대화재
그리고 위대한 발견

1665년 런던을 덮쳤던 페스트가 얼마나 혹심했는지 보여주는 17세기 판화

병마를 피해 뉴턴은 케임브리지를 떠나 고향인 울스소프에서 머무른다.

뉴턴 스스로의 선택은 아니었지만, 케임브리대학교에서 졸업 자격을 얻자마자 그는 학교를 떠나 울스소프로 돌아가야만 했다. 런던의 인구가 급속하게 증가하여 1660년에는 50만 명에 이르렀다. 그런데 이렇게 많은 사람이 몰려 사는 도시에 갑작스럽게 병이 돌게 되었던 것이다.

병세는 심한 두통과 현기증으로 시작되었다. 팔다리가 떨리고, 겨드랑이와 사타구니가 부어 오르고 심한 고열이 나다가 마침내는 검은색 반점들이 피부에 나타났다. 당시의 상황을 하루도 빠지지 않고 기록했던 새뮤얼 피프스는 이 반점들이 "죽음이 가까이 왔다는 명백한 증거였으며, 반점이 나타난 지 몇 시간 안 되어 사람들은 죽어 나갔다"라고 썼다.

유럽을 휩쓴 전염병, 페스트

흑사병이라고도 불린 무시무시한 페스트가 중동 지역에서 옮겨 와 처음 유럽에 나타난 것은 1347년이었다. 이 지역을 오가던 배 안에 살던 쥐의 몸에 페스트에 감염된 이가 기생하게 된 것이 원인이었다. 일단 부두에 배가 닿으면 쥐들은 쉽게 육지로 빠져나갈 수 있었다. 따라서 쥐 털에 기생하던 이도 사람에게로 쉽고 빠르게 퍼졌다.

이 병에 대한 치료법이 밝혀지지 않았기

페스트

쥐 등 설치류가 옮기는 급성 전염병으로 고열과 두통이 심하며 전염이 잘 되고 사망률이 매우 높다. 14세기 중엽 전 유럽에 크게 유행했다.

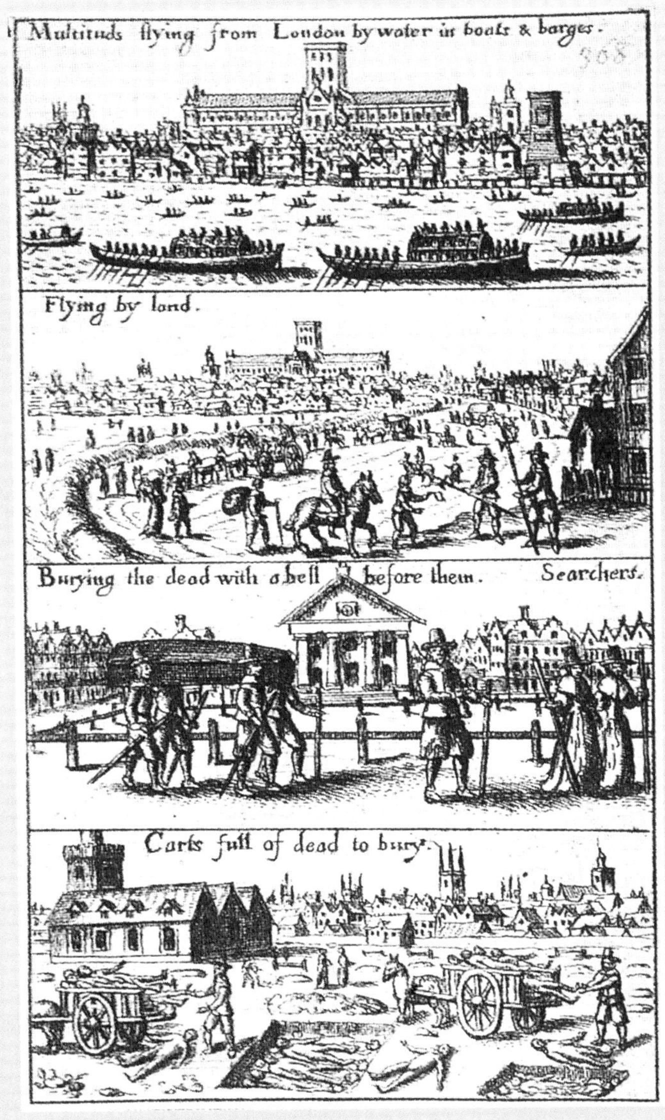

1665년에 발생한 대전염병은 런던에서만 9월의 한 주 동안 7,000명이 넘는 희생자를 냈다. 당시 신문은 모든 탈출 방법을 동원해 런던을 빠져나가는 피난민과 장례 행렬, 시체들로 가득 찬 마차들을 보여 주고 있다.

때문에 부자나 가난한 사람, 상인이나 거지 할 것 없이 모두 똑같이 병에 걸려 죽음을 맞았다. 어떤 지역에서는 인구의 절반이 이 병으로 죽었다. 장사며 농사며 모든 것이 중단되었으며, 도시들은 폐허가 되었다. 그리고 조용해진 거리에는 늑대들이 활보하고 다녔다.

국가적으로 병에 걸린 환자를 철저하게 고립시키라는 명령이 떨어졌다. "빨리, 멀리 도망가라, 그리고 천천히 돌아오라." 의사들이 할 수 있는 일이란 이 같은 옛날 격언을 일깨워 주는 것이 전부였다. 사실 이것도 수백 년 전 로마인들이 이 무서운 병을 겪었을 때 했던 말이었다.

피프스의 일기에 따르면, 정부는 비교적 안전하다고 판단된 옥스퍼드를 보호하기 위해서 런던을 포기했다. 이 소식이 전해지자 런던 시민들은 수천 명씩 런던을 빠져나와 시골로 도망갔다.

1665년 9월에 이르러 전염병으로 인한 피해는 극에 달했다. 매주 런던에서 죽어 나간 사망자가 8,000명에 이르렀다고 기록되어 있다.

사태를 더 심각하게 만들었던 것은 살기 위해 런던을 빠져나온 이들이 동부의 시골 마을에까지 페스트를 퍼뜨린 것이다. 그다음에는 미들랜즈 지역까지 페스트가 퍼졌다. 10월이 되어 케임브리지대학 교수 위원회는 학교를 폐쇄하기로 결정하는 투표를 했다. 하지만 행정 직원 몇 명만 빼고는 벌써 눈에 보이지 않는 적을 맞아 모두 도망치고 없었다.

페스트를 피해 고향에 돌아간 뉴턴

뉴턴은 얼마 안 되는 짐을 꾸려 시골의 링컨셔로 향했다. 조출했던 그의 귀향은 근대 과학사에 길이 남을 가장 위대한 지적 탐험의 시작이었다.

많은 시간이 흐른 뒤에 프랑스인 피에르 데 메조에게 보낸 편지에서 뉴턴은 이때의 일을 다음과 같이 회상했다.

"페스트가 온 영국을 휩쓸었던 1665년과 1666년 두 해 동안 내 머리는 온통 새로운 생각들로 가득 차게 되었습니다. 그리고 어느 때보다도 더 철저하게 철학과 수학에 전념할 수 있었습니다."

뉴턴의 제자면서 친구이기도 했던 윌리엄 휘스턴은 이렇게 말한다.

"선생님은 수학 문제를 푸실 때 풀이 과정에 대한 설명 없이 직관적으로 곧바로 답을 찾아내실 때가 많았습니다. 그리고 자연철학(과학)에 관해서 문제를 제기할 때도 그것이 옳은지 바로 바로 아시는 듯했습니다."

뉴턴은 그 시대를 이끌어 갔던 수학자들의 저서들을 모두 읽고 완전하게 자기 것으로 만들었다. 하지만 뉴턴은 이에 만족할 수 없었다.

수학자들의 골머리를 앓게 한 문제

대수학은 기호를 이용해서 식을 세울 수 있고, 또 특별한 조건(값)을 대입했을 때 답을 숫자로 구할 수 있다. 기하학은 점과 선 그리고 각도의 관계들을 알아낼 수 있다. 그러나 운동하는 물체의 속도가 항상 변한다거나 속도의 변화에 따라 운동하는 물체의 경로가 항상 변한다는 조건이 들어가는 더 복잡한 문제를 풀 때는 만족할 만한 방법이 못 되었다.

이렇게 운동하는 물체의 속도가 끊임없이 변하고 또 속도의 변화에 따라서 그것의 경로도 항상 변하는 것과 같이, 끊임없이 변하는 두 개의 변수를 처리해야 하는 문제에 부딪히게 되자, 수학자들은 어떤 한 순간에서의 변화율이라는 것을 생각해 내게 되었다.

과거에도 이렇게 골치 아픈 문제에 도전했던 사람들이 있었다. 그리고 그 덕분에 상당한 성과도 쌓이게 되었다. 프랑스인 수학자였던 르네 데카르트와 피에르 드 페르마(1601~1665)는 각각 이 문제를 풀어냈다. 그러나 두 사람의 풀이 방법은 명확하지 않고 복잡하다는 약점이 있었다. 이들이 사용했던 풀이법은 복잡했기 때문에 많은 사람이 편하게 사용할 수 없었다.

위대한 수학자의 꿈이란 바로 특수한 조건 속에 있는 모든 문제들에 적용될 수 있는 보편적인 풀이법을 발견해 내는 것이다. 이런 의미에서 이들의 성과를 완전한 성공이라고는 할 수 없었다.

1665년 5월, 케임브리지에 남아 있으면서 뉴턴은 처음으로 중요한 수학 논문을 썼다. 그러나 얼마 안 있어 대학교가 페스트 때문에 문을 닫았다.

울스소프에 있는 동안 그는 훨씬 더 발전된 내용의 두 번째 논문을 11월에 완성했으며 페스트가 창궐하던 1666년엔 세 편의 다른 논문도 썼다. 이 시기에 완성된 논문을 보면, 그 스스로 사물의 끊임없는 변화라는 뜻으로 '변화율(유율)' 즉 변화 비율에 따라 변화하는 값이라는 용어를 사용하고 있다.

1666년 말, 뉴턴은 스물네 번째 생일을 앞두고 있었다. 그리고 그는 이미 세계에서 가장 앞서 가는 수학자였다.

뉴턴은 새로운 발견에 스스로도 흥분해서 완성된 논문을 들고 가까이에 살던 험프리 배빙턴을 찾아갔다. 배빙턴은 나이가 지긋한 케임브리지의 학자였다. 그 역시 뉴턴이 대학을 가는 데 도움을 준 사람으로 알려져 있다. 수학적 과제 하나를 풀어냈던 그때, 뉴턴이 어느 정도 흥분했는지는 무려 소수점 이하 55자리까지 나눗셈을 한 것을 배빙턴에게 보여 준 것으로도 잘 알 수 있다.

글자 그대로 한 페이지가 넘어갈 정도로 0이 계속되었다. 아마 조금이라도 더 공간이 있었더라면 그는 소수점 100자리까지도 구했을 것이다.

다른 사람 같으면 수학 세계를 평정했다고 환호하며 우쭐

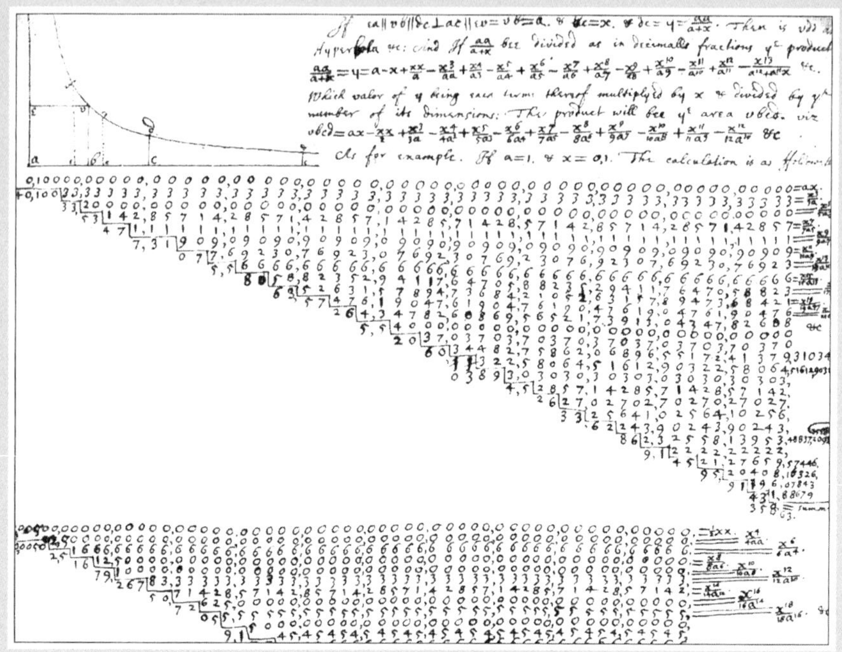

1665년, 뉴턴은 쌍곡선과 주축으로 둘러싸인 면적을 구하느라고 애쓰고 있었다.
그는 이 계산을 소수점 이하 55자리까지 구하는 열성을 보였다.

했겠지만, 뉴턴은 이상할 정도로 침묵을 지켰다. 자신이 증명해 낸 것 자체로 충분히 만족했다. 나머지는 아무런 문제가 되지 않았다. 적어도 잠깐 동안은 그랬다.

사과가 떨어지는 것을 보고 갖게 된 의문

뉴턴은 다시 정상적으로 케임브리지로 돌아가는 날만을 기다리고 있었다.

언젠가 윌리엄 스터클리는 뉴턴이 세상을 떠나기 1년 전쯤 런던 근교의 켄싱턴에 있던 뉴턴의 집을 찾아갔다.

둘은 식사를 마치고 정원으로 나가 사과나무 그늘에 앉아 차를 마셨다. 스터클리는 당시의 만남을 이렇게 써 놓았다.

"이런 저런 이야기를 나누는 중간에 뉴턴은 중력이라는 것에 대해 생각하게 된 일을 이야기해 주었다. 그때도 지금처럼 사과나무 아래 앉아 생각에 잠겨 있는데, 우연하게 사과 한 개가 떨어졌다고 했다."

떨어지는 사과를 보면서 뉴턴의 머리에 어떤 생각이 스쳐 갔다. 그것은 물체가 지구의 중심에서 멀어지는 운동을 하고 있을 때 이 물체에 작용하는 중력의 힘이 높이에 따라 크게 감소하는 것 같지 않다는 것이었다. 그렇다면 가장 높은 산에서나 가장 높은 빌딩 위에서도 중력의 힘이 항상 같을까?

중력
질량을 가진 모든 물체에 작용하는 서로 끌어당기는 힘. 중력의 크기는 물체의 질량에 비례한다.

"왜 달과 같이 높이 떠 있는 것을 잡아당겨서 땅으로 떨어지게 만들지 않을까?"

이와 같은 질문이 전혀 억지가 아니라면, 달은 이 신비로운 힘의 영향을 받아야만 했다. 그러나 뉴턴의 말처럼 "아마 지금까지 달은 자신의 궤도에서 한 발짝도 벗어나지 않았을 것이다."

지구를 공전하고 있는 달에게 적용되는 진리라면 태양을 공전하는 행성들에게도 진리이어야 했다. 그렇다면 저 멀리 빛나는 별들에게 이 진리가 적용되지 말라는 법은 없지 않은가?

중력은 물체의 운동 경로를 바꾼다

뉴턴은 갈릴레이와 데카르트의 저서들을 읽었기 때문에 관성의 법칙에 대해 잘 알고 있었다. 관성의 법칙이란 일단 어떤 물체가 운동을 하게 되면, 어떤 외부의 힘이 영향을 끼치지 않는 한 이 물체의 운동은 계속된다는 것이다.

또한 뉴턴은 운동하는 물체는 어떤 원인에 의해서든 그것의 운동 방향이 바뀌지 않는 한 직선 운동을 한다는 것도 알고 있었다. 따라서 구체가(사과가) 움직이게 된다면, 스스로의 관성에 따라서 직선으로 뻗어 나가게 될 것이며 지구의 중심에서 멀어져 저 멀리 우주로 날아갈 수 있다는 생각을 하게 되었다. 그러나 분명히 무슨 일이 일어나고 있는 것이

뉴턴은 사과와 달을 깊이 사색했고, 그 결과 우주가 움직이는 힘을 발견했다.

다. 바로 중력이 개입하여 물체의 운동 경로를 바꾸어 땅으로 떨어지게 만드는 것이다.

일단 뉴턴은 구체를 하늘 높이 던진다는 생각은 접어 두었다. 대신 대포에서 동그란 대포알을 발사하는 것에 대해 생각했다. 이 경우 대포알은 더 먼 거리를 이동하지만, 결국 지구로 돌아오게 된다. 그는 훨씬 더 큰 대포를 쏘아 대포알이 훨씬 더 큰 호를 그리면서 떨어지는 것을 가정해 보았다. 그는 어떻게 해서 대포알이 더 멀리 더 멀리 지구를 돌다가 결국에는 지구를 떠나 달처럼 자신의 궤도를 갖게 되는지를 그림을 그려 가며 설명해 놓았다.

달의 공전은 원심력과 중력의 작용에서 생긴 결과

뉴턴은 곧 다른 문제에 부딪히게 되었다. 지구의 중심에서 멀어지는데도 중력의 힘이 감소하는 것 같아 보이지 않았던 것이다. 그러나 이것은 사실이 아니어야 했다. 만약에 중심에서 멀어져도 중력이 감소하지 않는다면, 달은 분명히 지구로 떨어져 박살나야 했다. 또 지구 자체도, 수성, 금성, 목성, 화성, 토성도 모두 태양으로 곤두박질쳐야 했다. 지구 중심에서 멀어질수록 중력이 감소해야만 천체 간의 균형 잡힌 운동이 계속 유지될 수 있었다.

달을 거대한 사과라고 가정하고, 뉴턴은 중력이 어떻게 작용하는지 설명하려고 했다. 달이 지구에서 멀어져 직선으

로 운동하려는 성질과 중력이 달
을 지구 쪽으로 끌어당기는 힘이
같아진다면 달은 지구 주위를 돌
게 된다. 이는 끈으로 연결한 물
체를 머리 위에서 빙빙 돌릴 때 볼
수 있는 현상과 아주 비슷하다.
밖으로 운동하려는 힘(또는 원심
력)과 지구가 자기 쪽으로 잡아당
기는 힘 사이에 완전한 균형이 잡
혀야만 달은 지구 둘레를 공전할
수 있다.

여기까지 생각이 미치게 되자
뉴턴은 수학 계산에 몰두했다. 달
이 스스로의 궤도를 따라 계속 지
구를 돌게 만들려면 어느 정도의
힘이 필요한지 수치로 밝혀 보고 싶었다.

많은 자료가 사라져 버려서 그가 어떤 노력을 기울여 이
문제를 해결했는지는 알 수 없다. 하지만 한 번 더 그의 천
재성이 발휘되었던 것만큼은 분명하다.

**〈세계의 체계〉라는 논문에 실려 있는
설명 그림**

만약에 대포알에 충분히 큰 힘을 가해
앞으로 쏜다면, 대포알이 지구를 돌게
될 것이다. 이와 마찬가지 방식으로 달
은 지구의 둘레를 도는 것이다. 이 논
문은 뉴턴이 죽은 후에 출판되었다.

모든 물체는 서로 끌어당기는 힘이 있다

뉴턴은 지구 하나만이 우주 드라마에 등장해야 한다고 생

각하지 않았다. 그는 어떤 물체든지 다른 물체를 잡아당기는 힘이 있다고 믿었다. 지구가 워낙 커서 사과도 지구를 끌어당긴다는 그의 주장은 얼른 이해하기가 쉽지 않다. 하지만 지구가 하나의 사과를 끌어당기는 것과 똑같이 하나의 사과도 지구를 끌어당긴다. 그리고 사과에게 적용되는 진리는 달에게도 똑같이 적용된다.

뉴턴은 지구와 달 사이의 서로 끌어당기는 힘(인력)은 둘 사이의 거리의 제곱에 비례하여 감소해야 한다고 확신했다. 따라서 만약에 두 물체가 서로 1만큼 떨어져 있을 때 서로 잡아당기는 힘이 1이라면, 두 물체 사이의 거리가 2배로 멀어지면 힘은 1/2가 아니라 1/4로 감소하며, 3배로 멀어진다면 1/3이 아니라 1/9로 감소하게 된다. 두 물체 사이의 거리가 멀어질수록 둘 사이의 인력은 기하급수적으로 작아지는 것이다. 똑같은 식을 이용하여 그는 태양과 행성들 사이의 관계를 설명했다. 이로써 뉴턴은 보편적인 법칙을 제안하게 되었다. 나중에 뉴턴 스스로가 이 시기를 회상하면서 남겨 놓은 글이 있다.

"나는 행성들을 제 궤도에 있게 만드는 힘은 각 행성들이 공전하는 중심들과 각 행성들 사이의 거리의 제곱에 비례하여 감소한다는 결론에 이르게 되었다."

그러나 문제가 생겼다. 그로서는 최선의 노력을 다했지만 자신의 생각을 완벽하게 증명해 낼 수 없었다. 이 새파랗게 젊은 천재는 자신의 계산법으로는 생각했던 결과를 얻을 수 없다는 것을 깨달았다. 수학자였던 윌리엄 휘스턴은 나중에 뉴턴한테 들은 이야기를 이렇게 기록해 놓았다.

"뉴턴 선생님은 무척이나 실망한 나머지 선생님이 개발한 계산법을 소개한 논문을 잠시 밀쳐 놓았습니다. 그리고 다른 연구에 매달렸습니다."

세월이 지나 마침내 바라던 결과를 얻게 되었을 때도 뉴턴은 "여러 가지로 추측해 본 것들 중 하나였다"라고 농담하듯 말했다. 정말 위대한 '추측' 아닌가?

페스트에 이어 런던을 덮친 대화재

전염병이 진정되기 시작했다. 이제 페스트에 감염될 염려도 많이 없어졌지만 뉴턴은 울스소프에 남아 있었다. 결과적으로 1666년 한 해의 대부분을 그곳에서 보내게 된 것이다. 그런데 9월에 또 다른 비극적인 소식이 날아 들었다. 페스트로 지쳐 있던 런던 시민들에게 또 다시 재앙이 덮친 것이다.

지금까지 밝혀진 바로는 9월 2일에 시작된 런던의 대화재는 무서운 기세로 번져 나가 4일 밤낮이나 꼬박 계속되었다. 불길은 길이로 약 2.5킬로미터, 너비로 800미터에 이르는 지역을 폐허로 만들었다. 176만 제곱미터에 이르는 지역이 모두 불타고, 1만 3,000채가 넘는 집과 87개의 교회와 그리고 아름답기로 유명했던 세인트폴 대성당이 잿더미로 변해 버렸다.

화재를 간신히 피한 도시의 나머지 지역도 큰 전쟁을 치른 것처럼 엉망이 되어 버렸다. 끝이 보이지 않는 잿더미가 수북하게 내려앉았고, 셰익스피어와 엘리자베스 1세가 끔찍하게 사랑했던 런던을 검댕이와 먼지가 집어삼켰다. 사람들은 이번 화재도 전염병처럼 인간이 저지른 죄 때문에 화가 난 하느님이 천벌을 내린 거라고 믿었다. 신앙심이 남달랐던 뉴턴 역시 같은 생각을 했을 것이다.

그렇지만 이번 대화재라는 벌을 받을 때는 한 가지 다행한 일이 있었다. 페스트로 수만 명이 목숨을 잃었지만, 대화재로 인한 사망자 수는 아주 적었다. 정부 문서의 기록에는 사망자 수가 6명에 불과했다.

페스트로 인한 피해는 또 있었다. 전염병이 퍼지기 전까지 뉴턴이 구경 삼아 가끔씩 들렀던 스터브리지 장이 문을 닫은 것이다. 뉴턴이 남겨 놓은 글을 한번 살펴보자.

"스터브리지 장에 나갔을 때 삼각 기둥 모양의 유리 프리즘을 하나 장만했다. 바로 이것을 가지고 나는 색깔의 오묘한 현상을 실험할 수 있었다."

위대한 과학자가 되어 다시 찾은 그랜섬

뉴턴의 위대한 발견들이 있은 지도 300년이 훨씬 넘었다. 후세의 역사학자들은 뉴턴이 울스소프에 머물면서 엄청난 업적을 쌓았다고 말한다. 지금까지 밝혀진 바로는, 뉴턴은

자신이 알아낸 것을 다른 사람에게 곧바로 알리지 않았다고
한다.

한편, 뉴턴은 1666년 낯익은 길을 따라 그랜섬을 방문했
다. 스스로도 찾아가고 싶었던 곳이고 또 어머니를 기쁘게
해주기 위해서였다. 왕실 소속의 한 지방 관리 앞에 서서 그
는 친히 다음과 같이 서명했다.

"아이작 뉴턴, 울스소프 출생, 소유한 땅이 있음, 나이
23세"라고.

프리즘을 이용해 밝혀 보려 했던 빛에 관한 실험

울스소프에 머무는 동안 뉴턴은 전혀 새로운 실험을 계획했다. 그는 남향인 자신의 방을 깜깜하게 만들어 놓았다. 그리고 가리개에 지름 3밀리미터의 작은 구멍을 뚫어 놓고 방 안으로 들어오는 가는 빛 줄기가 프리즘을 통과하게 만들었다. 그 결과 뉴턴은 스펙트럼이 건너편 벽에 투사되는 것을 관찰할 수 있었다.

예상대로라면, 스펙트럼은 데카르트가 말했던 것처럼 완전한 원형이어야 했다. 그러나 놀랍게도 기다란 띠 모양의 스펙트럼이 나타났다. 이것은 단 한 가지 사실만을 의미했다. 즉 일곱 가지 색 각각은 프리즘을 통과하면서 각각 다른 각도로 굽어지거나 굴절된 것이다. 빨간색은 가장 적게, 보라색은 가장 크게 굴절된 것이며, 나머지 색깔들은 그 사이에 있는 것이다.

의문이 꼬리를 물었다. 뉴턴은 두 번째 실험을 계획했다. 이번 실험은 그 스스로도 빛의 성질을 밝히는 데 결정적인 역할을 한 실험이었다고 평했다.

작게 뚫어 놓은 구멍 가까이에 프리즘을 갖다 놓았다. 다음으로 그는 제2의 프리즘을 '앞의 것에서 약 4, 5센티미터 정도' 되는 곳에 놓았다. 앞의 프리즘을 통과해 나온 스펙트럼을 한 번 더 프리즘을 통과하게 만든 것이다.

처음 프리즘을 통과했을 때와 마찬가지로, 파란색 빛이 빨간색 빛보다 더 큰 각도로 꺾이는 것을 볼 수 있었다. 그의 말대로, "색깔들은 언제나 같은 패턴으로 나타났다."

뉴턴은 만일 햇빛이 프리즘을 통과해 나올 때 각 색깔의 빛이 어느 정도로 굽어지는가를 정확하게 계산해 낼 수 있다면, 빛의 굴절 법칙이 새롭게 만들어질 수 있을 것이라고 생각했다. 그는 곧바로 굴절 각도, 즉 사인 값을 구하기 시작했다.

그의 이러한 행동은 자연은 정확한 수학적 원리에 의해 움직인다는 그의 신념을 보여 주는 것이기도 했다.

두 번째 실험을 통해 또 하나의 중요한 사실이 밝혀졌다. 뉴턴은 두 번째 프리즘을 통과해 나오는 각 빛을 관찰할 수 있었다. 그가 예상했던 대로, 파란색은 그대로 파란색이었고, 주황색은 그대로 주황색이었다. 그리고 나머지 색깔들도 마찬가지 현상을 보여 주었다.

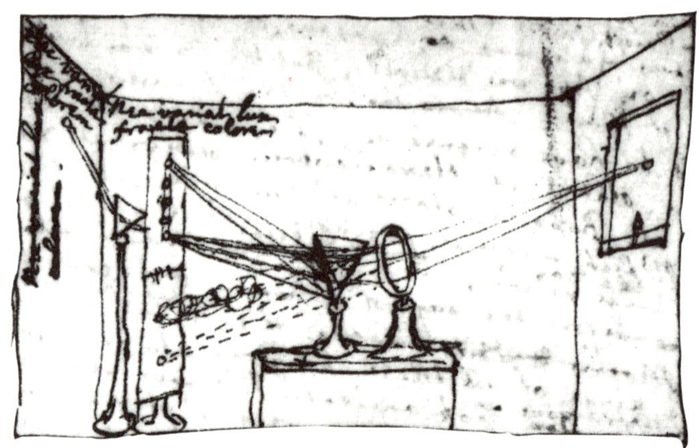

빛의 특성을 밝히는 데 결정적인 공헌을 한 실험
뉴턴이 그린 실험 계획서이다. 작은 구멍을 통해 들어온 햇빛을
맨 처음 프리즘에 반사시키고 또 이렇게 반사되어 나온 빛을 다
음의 프리즘에 반사시킨다는 계획이다. 두 번째 프리즘을 통과할
때는 색이 변화하지 않았다.

그는 프리즘을 돌려 보았다. 그래도 여전히 각 색깔들은 자기 색깔을 잃
지 않았다. 지금까지 믿어 온 대로 만일 색깔이 백색 빛의 변형에 불과한
것이라면, 두 번째 프리즘을 통과할 때도 빨간색이 주황색이 된다거나
파란색이 남색이 된다는 식으로 다른 색깔이 나타나야 했다. 그러나 이
런 현상은 벌어지지 않았다.

뉴턴의 증명대로 백색 빛은 스펙트럼에 나타난 모든 색깔이 합쳐져서 만
들어진 것이다. 그리고 이것들 중 어떤 것도 프리즘을 통과하면서 다른
것이 되지는 않았다.

프리즘은 로마시대의 철학자였으며 정치가였던 세네카가 활동했던 1세기경에도 있었던 것 같다. 그러나 이보다 앞서, 아리스토텔레스도 색깔이란 밝음과 어둠의, 또는 검은색과 흰색의 혼합물이라는 주장을 폈다.

뉴턴이 살았던 17세기에 와서도 상당수의 자연철학자들은 이런 주장을 받아들였다. 아리스토텔레스의 색깔론에 의하면, 빨간색은 가장 강하고 가장 적게 변형된 것이며, 모든 색깔들 중에서 순백색에 가장 가까운 색이다. 반면에 파란색은 가장 약하고 가장 많이 변형된 것이며, 검정색에 가장 가까운 색이다. 그러나 스펙트럼에 어떠한 색깔이 나오든지 간에(빨간색이든, 주황색이든, 노란색이든, 녹색이든, 파란색이든, 남색이든, 보라색이든) 모든 색깔은 순백색 빛의 변형이라고 설명했다.

4

과학계에 혁명을 몰고 온
젊은 교수

트리니티 칼리지의 예배당에 있는 뉴턴의 조각상
루이 프랑수아 루빌리악이 조각한 것으로 손에는 프리즘
을 들고 저 먼 곳을 바라보고 있다.

뉴턴이 학사 학위를 받았고, 또 땅을 소유하고 있었기 때문에 나라에서는 그에게 향사 지위를 주었다. 그리고 뉴턴은 드디어 케임브리지대학교로 돌아갔다. 그리고 그곳의 트리니티 칼리지에서 석사 과정을 마친다.

뉴턴은 1667년 9월과 10월에 있을 석사 선발 시험을 코앞에 두고 있었다. 만일 시험에 통과하면, 특별 연구원 자격으로 영원히 트리니티 칼리지에 머물 수 있었다. 하지만 떨어질 경우 십중팔구 고향으로 내려가 땅이나 관리하며 농부가 되어 그럭저럭 살아가거나 링컨셔의 마을 교회를 맡아 목사로 평생을 살아야 할 것이다.

석사 학위 시험을 통과하고 특별 연구원이 되다

9월 말에는 사흘 동안 연속해서 시험을 치렀다. 뉴턴과 동료 학생들은 조그만 예배당에 모여 구두 시험을 치렀다. 나흘째 되는 날에는, 각자 트리니티 칼리지의 학장이 내는 주제를 하나씩 받아 여섯 시간 내에 간단한 논문을 완성하는 시험을 치렀다. 대학 졸업 자격 시험을 볼 때와 마찬가지로, 문제로 받은 주제들 대부분은 고대 그리스와 로마 철학자들의 저서에서 뽑은 것들이었다.

10월 1일, "그대의 작은 벨이 울리는 그 소리에 맞춰" 시험에 통과한 학생들이 다시 예배당으로 불려 나갔다. 뉴턴을 부르는 벨 소리가 울렸다. 여섯 명의 학생들과 함께 그는

“진심으로 기독교를 섬기겠다”라고 맹세했다.

이제 공식적으로 학교의 특별 연구원이 되었기 때문에, 그는 학교에 영원히 머물면서 연구에 열중할 수 있는 자격을 얻은 것이다. 그가 그렇게도 좋아했던 실험을 중간에 그만둘지도 모른다는 걱정은 이제 할 필요가 없었다.

평생 몇 번 있을까 말까 한 경사

뉴턴은 같은 방 친구 존 위킨스와 함께 그의 일생에서 몇 번 있을까 말까 한 경사를 축하했다. 두 사람은 화가와 목수를 불러 쓰고 있던 방을 새로 단장했다. 카펫과 긴 소파를 들여놓고 “깃털 침대에 깔 도톰하고 튼튼한 목면 천”도 사고 가구도 새것으로 장만했다.

특별 연구원 자격을 얻고 나서 2년 동안은 비싼 옷과 신발도 사며 외모에 신경을 썼다. 학사 가운을 마련하는 데 돈이 들어갔던 것은 물론이고, 석사 가운을 맞추어 입는 데도 많은 비용이 들어갔다. 그 당시 관습대로 뉴턴은 17실링을 내서 대학을 졸업하게 된 것을 축하했다.

1668년 7월 7일, 석사 학위를 받을 때는 그때보다 15실링을 더 지출했다. 그는 그 사이에 “술집에도 몇 번 더 갔다”라는 사실과 카드를 치다가 15실링이나 잃었던 일 등을 기록해 놓았다.

그러다가 ‘사촌 아이스코프’와 누군지 모를 어떤 사람과 함께 즐거운 시간을 보냈다는 것을 끝으로, 뉴턴은 갑자기 돈을 쓰기 시작했던 것처럼 갑자기 돈 쓰는 일을 그만두었다. 모든 상황으로 미루어 보아, 뉴턴이 혼자 있기를 좋아했던 자신만의 생활 방식으로 되돌아간 듯하다.

대화재 이후 처음 방문한 런던

1668년 8월 석사 학위를 받고 한 달이 지났을 때였다. 그때 처음으로 뉴턴은 런던을 방문한다. 런던은 재건 작업이 활기차게 진행되고 있었지만, 도시의 4/5 정도는 여전히 폐허였다. 마치 대화재 때의 엄청난 피해를 기념이라도 하듯 새까만 몰골을 그대로 드러냈다.

런던에 있는 동안 뉴턴이 어디서 묵었는지, 또 7주 동안을 무엇을 하며 보냈는지는 밝혀지지 않았다. 아마 책과 실험에 필요한 물건들을 사고, 자신의 과학 연구에 많은 영감을 주었던 수학자와 자연철학자들을 만났을 것이다.

뉴턴의 천재성을 인정해 준 배로 교수

아이작 배로는 케임브리지대학교의 수학 교수였는데, 처음으로 뉴턴의 천재성을 인정한 선생님이었다. 그는 지중해와 중동 지방을 돌아다니면서 많은 경험을 쌓은 특이한 학자였다.

이 선생님은 "입이 거친 터키 사람"과 몸 싸움을 벌여 이긴 적이 있으며, 몰타 섬을 배로 여행할 때 해적들이 그가 탄 배를 습격하자 용감하게 맞서 물리치기도 했다. 또한 타고난 설교가였는데, 그 스스로 이 일에 많은 노력을 기울였다. 게다가 굉장한 골초였으며, 옷은 항상 지저분했다. 그는 광학과 해석기하학 그리고 우주의 수학적 모델을 찾아내는 데 많은 관심이 있었다.

아이작 배로
케임브리지대학교의 수학 교수로 뉴턴의 천재성을 처음으로 발견한 사람이다.

뉴턴은 1664년 처음으로 배로 교수의 강의를 듣게 되었다. 하지만 그의 강의를 들으면서 최신 수학에 관심이 많아졌지만 그 이상의 의미는 없었다. 뉴턴은 수업을 듣는 동안 배로 교수를 자주 찾아갔다. 강의를 들으면서 생겼던 의문점에 대해 토론하기 위해서뿐만 아니라 사적인 방문도 많았다. 배로 교수도 뉴턴에게 자신이 갖고 있던 책을 빌려주었다.

그러나 스터클리의 뉴턴 연구를 보면, 1664년 4월에 있었던 장학생 선발 시험에서 뉴턴이 유클리드를 소홀하게 다루었다고 한다. 그 일에 대해 배로 박사는 이렇게 말했다.

"그것에 대해 몰랐던 것이 아니라 관심이 없었던 것으로 생각된다."

처음에 둘의 관계가 어떠했는지는 알 수 없지만, 어쨌든 1669년 배로 교수가 뉴턴의 타고난 수학적 재능을 인정하지 않을 수 없는 일이 생겼다.

배로 교수는 수학에 깊은 관심을 갖고 있던 런던의 존 콜린스를 통해 니콜라스 메르카토르가 새로 발표한 〈지수 함수의 기술〉이라는 논문을 읽게 되었다. 배로 교수는 그 책을 읽고 콜린스가 홀딱 반할 만한 내용의 편지를 보냈다. 콜린스 또한 전혀 기대하지 않았던 소식에 흥분을 감출 수 없었다. 편지의 내용은 이랬다.

"이곳에 있는 한 친구가 메르카토르의 논문에서 다루는 문제들에 대해서 천부적인 감각을 지니고 있습니다. 언젠가 그 친구가 자신이 쓴 논문을 보여 준 적이 있습니다. 그 친구 역시 쌍곡선에 대한 메르카토르의 논문에서처럼 면적의 넓이를 구하는 방법을 개발했는데, 메르카토르의 것보다 훨씬 더 쉽습니다."

여기에서 말하는 친구란 물론 아이작 뉴턴이었다. 그리고 편지에서 말하는 논문은 〈무한급수에 의한 해석에 대하여〉라는 짧은 글이었다. 배로 교수는 다음 편지에는 뉴턴의 논문을 보내 주겠다고 약속했다.

〈무한급수에 의한 해석에 대하여〉의 출판을 거절하다

아무리 배로 교수라고 하더라도 뉴턴을 설득해서 논문을 학계에 발표하도록 만드는 일은 정말 힘들었을 것이다. 〈무한급수에 의한 해석에 대하여〉를 쓴 것도 뉴턴 본인이 메르카토르보다 자신이 먼저 그와 같은 방법을 발견했다는 정당한 증거를 남기기 위한 것이었다. 그러므로 이제 와서 새삼스럽게 논문을 발표한다는 것이 이상하게 보였다.

콜린스는 2주일을 더 초조하게 기다린 뒤에야 약속된 논문을 넘겨 받을 수 있었다. 그러나 이때까지도 뉴턴의 이름은 거론되지 않았다. 콜린스가 진심으로 감사드린다는 답장을 보내자 배로 교수도 답장을 썼다.

"내 친구의 논문을 당신에게 소개한 것을 무척 다행한 일이라고 생각합니다. 그의 이름은 뉴턴인데, 우리 학교의 연구원입니다. 아주 젊은 친구지만 이런 일에 관해서만큼은 두 번 다시 볼 수 없는 천재이며 대단한 실력가입니다."

뉴턴에게서 허락을 얻어 낸 배로 교수는 콜린스에게 그 논문을 영국 왕립학회의 회장이었던 브롱커 자작에게 보여 주도록 했다. 그리고 여분의 사본은 콜린스와 알고 지내던 몇몇 사람들이 돌려 보았다.

하지만 천성적으로 자신이 드러나는 것을 싫어했던 뉴턴이 그 논문을 책으로 발표하는 것을 허락하지는 않았을 것이다. 그리고 그 때문에 콜린스는 또 다시 실망했을 것이다.

1711년, 뉴턴의 나이 예순여덟 살이 되어서야 그의 혁명적인 변화율 연구의 최초의 성과물이었던 〈무한급수에 의한 해석에 대하여〉가 공식적으로 책으로 엮여 나오게 된다.

케임브리지대학교의 수학 교수에 임명되다

막 천재성을 발휘하기 시작했던 뉴턴에 대한 배로 교수의 관심이 지대했다는 것은 이 선생님이 뉴턴에게 도움을 청했던 일을 통해서도 알 수 있다. 배로 교수는 광학에 관한 저서를 출판할 때 뉴턴에게 편집 일을 맡겼다.

뉴턴이 그 즈음 광학 분야에서 새로운 발견을 해냈다는 것을 배로 교수가 알았는지는 모를 일이다. 하지만 뉴턴은 자신의 연구가 여전히 실험적인 단계에 있었으며, 선생님의 노고가 고철이 되어 버릴 수도 있었기 때문에 자신의 실험들에 대해서는 전혀 입을 열지 않았다. 덕분에 배로 교수의 책은 예정대로 출판될 수 있었다.

뉴턴은 자신의 실험을 확고하게 입증할 수 있다는 자신감이 있었다. 하지만 뉴턴은 뜻밖에 찾아온 행운을 놓치지 않았다. 뉴턴에게는 다른 무엇보다 중요한 일이 있었다.

배로 교수는 언제나 스스로를 자연철학자가 아니라 신학자로 생각했다. 그래서 찰스 2세의 주임 사제가 되어 달라는 제안을 받자 기꺼이 승낙했다.

배로가 힘을 써 준 덕분에 뉴턴은 그의 뒤를 이어 1669년 10월 29일 케임브리지대학교의 수학 교수로 임명되었다.

이때 뉴턴의 나이는 스물일곱 살이었다. 하지만 어깨까지 기른 그의 머리는 벌써 아름다운 은색으로 변해 가고 있었다. 1670년 초 그는 처음으로 강의를 했다. 진홍색 교수 복장을 하고 트리니티의 대정원을 가로 질러 걸어가는 모습을 본 사람도 있을 것이다.

교수의 재량으로 많은 강의 과목 중에서 하나를 선택할 수 있었기 때문에 그는 광학을 선택했다. 이로써 실험 과학 분야에 대한 그의 열정이 처음으로 드러나게 된다. 뉴턴은 당시의 각오를 이렇게 밝혔다.

"이 과학에서 발견되는 원리들을 더 정밀하게 실험해 본다면, 그것을 받아들이지 않을 수 없게 될 것이라는 판단을 하게 되었다."

프리즘을 이용해 다시 시작한 실험

뉴턴은 1660년대 중반에 했던 프리즘을 이용한 실험들을 다시 하게 된다. 이번 실험에는 훨씬 더 많은 노력을 들였다. 스코틀랜드 출신의 의사 조지 친 박사는 빛 실험에 관한 연구에 매달리는 뉴턴의 모습을 이렇게 묘사했다.

"마치 그의 모든 능력이 한꺼번에 폭발하는 것 같았다. 하루 종일 빵 몇 조각에 포도주와 물을 조금 먹는 것이 전부였다. 이런 습관은 그의 정신이 무엇인가를 몹시 갈구하고 있거나 몹시 절망했을 때 나타났다."

3년 간 실험을 더 한 끝에 뉴턴은 자신의 "생각을 훨씬 더 분명하게 밝힐 수 있게" 되었다. 그는 자신이 발견한 것들을 여덟 차례의 강의를 통해 대중들 앞에서 발표했다. 그러나 처음 강의가 있고 난 후에 사람들은 꽁지 빠지게 도망쳤다. 사실 그의 동료들이며 학생들, 트리니티 칼리지에 있던 그 누구도 그의 강의에 참석했던 일에 대해서는 기록을 남기지 않았다. 새로운 과학에 대한 일반 사람들의 관심은 그만큼 부족했다.

학생들 사이에서 상당히 인기가 있었던 배로 교수조차도 5년 동안 강의하면서 가르친 학생은 불과 몇 명 안 되었으며, 어떤 때는 빈 강의실에서 수업을 할 때도 있었다.

태양 빛이 무지개 색깔 모두를 혼합한 것이라는 뉴턴의 혁명적인 발견을 더 많은 사람들이 이해할 수 있었더라면, 그도 학교 밖으로 이 소식을 전하기 위해 노력했을 것이다.

고도의 해상력을 가진 뉴턴의 반사 망원경

젊은 시절에 뉴턴이 즐겨 읽었던 책들 중에 스코틀랜드의 천재적인 수학자이며 천문학자였던 제임스 그레고리의 《광학의 발전》이 있다. 책을 읽을 때 뉴턴은 책 한 귀퉁이를 조금 접어 두어 자신이 중요하게 생각하는 내용을 표시해 두

빛에 관한 뉴턴의 실험

1667년과 1672년 사이에 뉴턴은 자신의 이론을 강화하기 위해 빛깔 실험에 열중했다.

는 습관이 있었다. 그레고리가 제작한 반사 망원경이 소개된 페이지가 접혀 있었던 것을 보면 뉴턴도 반사 망원경에 관심이 많았다는 것을 알 수 있다.

이미 어릴 적에 각종 모형이며 시계들을 만들어 냈던 뉴턴은 능숙한 솜씨로 망원경 제작을 시작했다. 그는 유리가 아니라 얇은 금속판을 사용했다. 사람 손으로 유리 표면을 고르게 갈아 내는 일이 거의 불가능했기 때문이다.

그는 접시 모양으로 가운데가 오목하게 들어가게 금속판을 만들었다. 그리고 구리, 주석, 비소 등 세 금속을 한데 섞은 특수한 합금을 준비했다. 그것은 흰색을 띠었고, 광택이 아주 좋았다. 준비를 마친 뉴턴은 금속판 거울 즉 반사경을 싸서 이것과 다른 부속품을 짤막한 관에다 넣었다.

1669년 2월 23일에 그는 한 친구에게 이것이 어떤 기능을 갖고 있는지 편지에 써 보냈다.

"통 길이가 1.8미터인 망원경으로 볼 수 있는 것보다 지름을 기준으로 약 40배 정도 크게 보인다고 계산했으며, 이것을 이용해 목성의 둥그런 모습과 그 위성들을 분명하게 볼 수 있었다."

그는 다른 특별한 이상이 없다면, 통 길이 1.8미터의 반사 망원경이라면 "일반적으로 만들어진 통 길이 18미터 또는 30미터의 망원경으로 볼 수 있는 정도의" 해상도를 가질 수

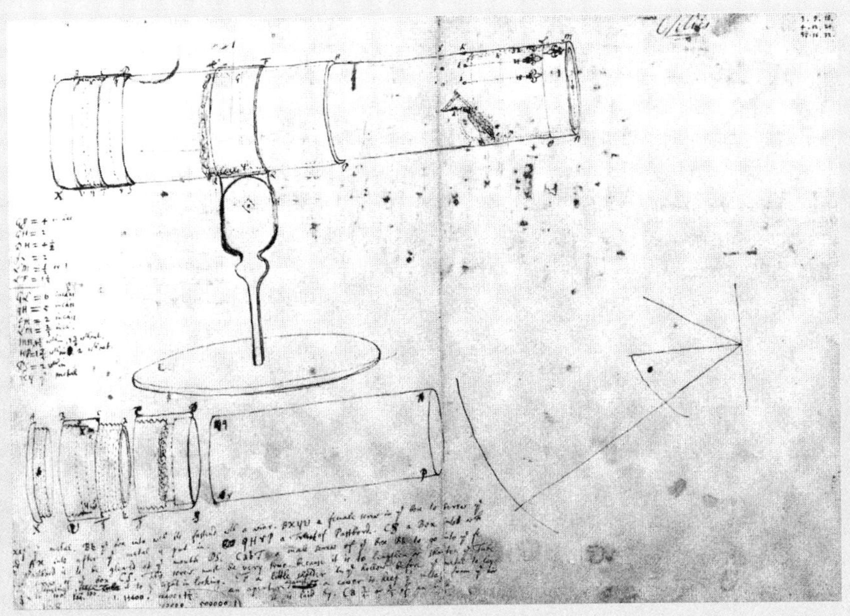

뉴턴의 반사 망원경 설계도

다른 사람이 반사 망원경을 만들기는 했지만, 제대로 기능을 발휘한
망원경은 뉴턴이 만든 게 처음이었다.

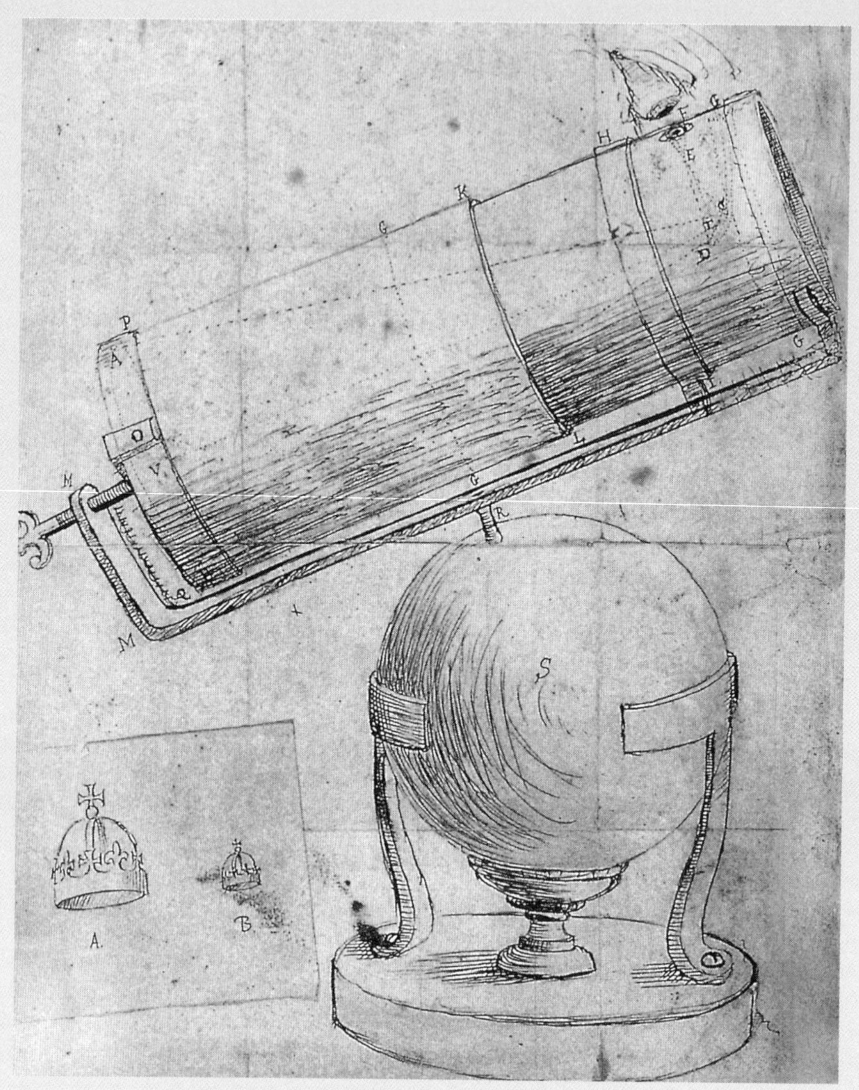

반사 망원경을 그린 뉴턴의 데생

뉴턴의 망원경은 관의 아래쪽 끝에 있는 나사를 회전시켜 초점을 맞추었다.

있다고 계산했다. 그는 이러한 주장이 많은 혼란을 일으킬
것이라고 판단했다. 그래서 이렇게 덧붙였다.

"내가 발견한 것이 어쩌면 이상한 주장처럼 들릴지도 모
르지만, 빛의 성질을 연구하는 실험들에서 얻은 분명한 결
과다."

런던에 전해진 반사 망원경 제작 소식

뉴턴이 드디어 제대로 작동하는 반사 망원경을 만들어 냈
다는 소식이 런던에 전해졌다. 그중에는 그가 반사 망원경
을 처음 발명한 것으로 잘못 안 사람들도 있었다. 하지만 모
두가 뉴턴의 성공을 진심으로 축하해 주었다.

이러한 상황은 1609년 갈릴레이가 처음으로 이탈리아에
서 굴절 망원경을 만들어 냈을 때와 비슷했
다. 사실 갈릴레이는 우연히 외국의 한 과
학 소식지에 소개된 것을 보고 힌트를 얻어
자신의 망원경을 만들어 냈던 것이다.

누구보다도 뉴턴의 망원경을 보고 싶어
했던 사람들은 영국 왕립학회의 회원들이
었다. 영국 왕립학회는 1660년에 세워진
과학자들의 모임으로 찰스 2세의 후원으
로 운영되고 있었다. 왕립학회는 '입으로
말하지 않는다'라는 신조를 갖고 있었다.

굴절 망원경
렌즈를 사용한 망원경을 굴
절 망원경이라 한다. 물체
에서 나온 빛을 모으는 구
실을 하는 대물 렌즈와 초
점에 모인 빛을 확대하는
접안 렌즈로 되어 있다. 접
안 렌즈가 오목 렌즈로 되
어 있는 것을 갈릴레이식
망원경이라고 하고 볼록 렌
즈로 되어 있는 것을 케플
러식 망원경이라고 부른다.

회원들은 남보다 앞서서 과학적인 사고를 이끄는 사람들로 이루어졌고, 영국뿐만 아니라 외국인 회원도 있었다.

이들은 관찰에만 의지했던 옛날의 연구 관행과는 달리 실험을 통해 증명해내겠다고 선언했다. 회원들이 발견한 것들은 정기적으로 일종의 과학 잡지 《철학회보》를 통해서 발표되었다. 이 잡지는 아주 유명했으며, 이것을 모델로 다른 과학 잡지들이 생겨났다.

과학계를 깜짝 놀라게 한 기적의 망원경

이번에는 뉴턴도 동료들의 발표 재촉을 거절할 수 없었다. 그는 처음에 만든 망원경을 좀더 보완한 다음 배로 교수에게 보내 주었다. 1671년 말 배로는 의기양양하게 이 작은 도구를 런던으로 가지고 갔다. 런던에서는 뉴턴의 망원경 때문에 그야말로 일대 회오리가 일었다. 그리고 망원경은 찰스 2세가 초조하게 기다리던 화이트홀로 옮겨졌다. 마치 왕은 그것이 자신의 힘을 보여 주는 물건인 것처럼 소중히 다루었다.

한편, 영국 왕립학회의 총무였던 헨리 올덴부르크는 네덜란드의 유명한 과학자였던 크리스티안 하위헌스(1629~1695)에게 뉴턴이 반사 망원경 제작에 성공했다는 소식을 전했다. 이 소식을 듣고 하위헌스도 답장을 보내면서 그 새 기구야말로 "뉴턴의 기적의 망원경"이라고 묘사했다.

1671년 영국 왕립학회에 보내진 뉴턴의 반사 망원경

올덴부르크는 뉴턴에게 축하의 편지를 보냈다. 편지에는 그가 영국 왕립학회의 회원으로 추천되었다는 기쁜 소식이 담겨 있었다. 뉴턴은 감사하는 마음으로 그 일을 받아들였다. 그리고 뜻깊은 말을 남긴다.

"철학적 발견이 있었기 때문에, 나는 그것의 안내를 받아 망원경을 만들 수 있었습니다. 자연의 운항에 대한 철학적 사색은 나름대로 독특한 아름다움이 다 있습니다. 그래서 나는 무엇을 실험해야 할지 생각할 수 있었습니다."

빛의 정체, 위대한 자연의 비밀을 밝히다

하지만 뉴턴이 빛과 색깔의 본질에 대해 말하고 있다는 것을 눈치챈 회원은 없었다. 뉴턴은 여전히 무슨 말을 하는지 눈치채지 못하고 있는 올덴부르크에게 다시 편지를 보냈다.

"당신에게 특별히 시간을 내어 전에 약속했던 대로 '빛에 대해' 설명할 수 있었으면 좋겠습니다."

그 편지에서 뉴턴은 광학적 발견들을 이루어 냈던 중요한 단계들을 차근차근 설명했다. 울스소프에서의 결정적인 실험에서부터 무지개 색깔들에 대한 설명까지 하나도 빠뜨리지 않았다.

대부분의 광선을 굴절시키는 아주 작은 물 알갱이들은 무지개 바깥쪽에 있으며, 붉은 색깔을 띤다. 한편 안쪽의 작은 물 알갱이들은 훨씬 더 적은 빛을 반사하여 더 어두운 색깔을 띤다.

뉴턴은 만약에 회원들 중 누구라도 관심이 있다면 자신의 실험을 보여 줄 수 있으며, "그렇게만 된다면 저로서는 무한한 영광입니다"라는 말로 편지를 끝맺었다.

왕립학회의 찬사를 받은 빛에 관한 논문

뉴턴의 걱정과는 달리 올덴부르크는 그의 논문을 다음 모임의 주제로 추천했다. 그리고 그 자리에서 큰 소리로 뉴턴의 편지를 읽어 주었다. 학회가 끝나기도 전에 올덴부르크는 결과를 뉴턴에게 알려 주었다.

"빛과 색깔에 관한 당신의 편지를 읽어 주자, 그야말로 거의 모든 사람들이 기침 한 번 하지 않고 들어 주었습니다. 분명히 말씀드릴 수 있는데, 회원들이 그렇게 한마음이 되어 귀를 기울이고 또 우레와 같은 박수를 쳐 주었던 일은 없었습니다."

올덴부르크는 뉴턴을 재촉하여 다음 호《철학회보》에 그의 논문을 실을 수 있게 해 달라고 했다. 그렇게 하여 세상에서 확실하게 인정받으라는 것이었다.

자신의 노력이 인정받게 되었다는 소식을 들은 뉴턴의 마음은 날아갈 듯 기뻤다. 그리고 논문의 출판에 대해서는 올덴부르크에게 다음과 같이 답장을 썼다.

"기꺼이 그렇게 하겠습니다."

과학계에 혁명을 몰고 왔다는 점에서 광학에 관한 논문만큼이나 중요했던 〈무한급수에 의한 해석에 대하여〉 출판에 대해 존 콜린스의 제안을 거절했던 것과는 딴판인 결정이었다.

색수차로 인한 방해를 받지 않는
뉴턴의 반사 망원경

1663년에 그레고리는 손수 망원경 제작에 나섰다. 런던의 유명한 공구 제작자였던 리처드 리브에게 특수 렌즈를 주문하는 단계까지는 일이 잘 진척되었다. 하지만 리브는 그의 주문대로 미세한 상이 맺히는 렌즈를 맞추어 줄 수 없었다.

몇 년 뒤 뉴턴도 이 일에 도전하게 된다. 렌즈를 통해 물체의 상이 맺히게 되는 굴절 망원경과는 달리, 반사 망원경에는 포물면 또는 접시같이 오목한 면의 거울이 들어 있었다. 이렇게 함으로써 모든 빛은 똑같은 각도로 반사될 수 있었다.

따라서 관측자는 색수차로 인한 방해를 받지 않게 되었다. 색수차란 각기 다른 파장을 가진 빛이 렌즈를 통과하면서 동일한 초점에 이르지 못하게 될 때 나타나는 것으로, 무지개 색깔이 어른거리는 현상을 말한다.

그 당시 뉴턴만이 이런 사실을 알고 있었지만, 반사 망원경 때문에 그는 많은 덕을 보게 된다. 뒤틀어짐이 없는 상을 만들어 내는 과정에서, 빛과 색깔에 관한 그의 이론은 더욱 다양한 실험을 통해 확인할 수 있게 되었다.

5

실험 감독관 훅과의
뜨거운 논쟁

(3075)

Numb. 80.

PHILOSOPHICAL
TRANSACTIONS.

February 19. 16$\frac{71}{72}$.

The CONTENTS.

A Letter of Mr. Iſaac Newton, Mathematick Profeſſor in the Univerſity of Cambridge ; containing his New Theory about Light *and Colors :* Where Light *is declared to be not Similar or Homogeneal , but conſiſting of difform rays, ſome of which are more refrangible than others : And Colors are affirm'd to be not Qualifications of Light, deriv'd from Refractions of natural Bodies, (as 'tis generally believed ;) but Original and Connate properties , which in divers rays are divers : Where ſeveral Obſervations and Experiments are alledged to prove the ſaid Theory. An Accompt of ſome Books :* I. *A Deſcription of the* EAST-INDIAN COASTS, MALABAR, COROMANDEL, CEYLON, &c. *in* Dutch, *by* Phil. Baldæus. II. Antonii le Grand INSTITVTIO PHILOSOPHIÆ, ſecundùm principia Renati Des-Cartes ; *novâ methodo adornata & explicata.* III. *An Eſſay to the Advancement of* MVSICK ; *by* Thomas Salmon *M. A.* Advertiſement about Thæon Smyrnæus. *An* Index *for the Tracts of the Year* 1671.

A Letter of Mr. Iſaac Newton, *Profeſſor of the Mathematicks in the Univerſity of Cambridge ; containing his New Theory about* Light *and Colors : ſent by the Author to the Publiſher from Cambridge, Febr.* 6. 16$\frac{71}{72}$; *in order to be communicated to the R. Society.*

SIR,

TO perform my late promiſe to you, I ſhall without further ceremony acquaint you, that in the beginning of the Year 1666 (at which time I applyed my ſelf to the grinding of Optick glaſſes of other figures than *Spherical,*) I procured me a Triangular glaſs-Priſme, to try therewith the celebrated *Phænomena* of

G g g g

Colours.

1672년 2월 19일자 《철학회보》

빛과 색깔에 관한 뉴턴의 새로운 이론이 실려 있다.

로버트 훅은 뉴턴이 활동할 당시 영국 왕립학회의 실험 감독관이었다. 그래서 뉴턴이 프리즘을 이용해 발견한 것들을 재차 확인하는 중요한 임무가 그에게 맡겨졌다. 그의 실제 모습은 초상화가 없어 자세히 알 수 없지만, 새뮤얼 피프스는 이렇게 써두었다.

"내가 지금까지 본 남자들 중에서 가장 인상적인 사람이었지만 또한 가장 못생긴 사람이었다."

실험 감독관 훅과의 운명적 만남

훅은 체격은 중간 정도였으며, 허리가 굽어 평생 고통을 겪었다. 회색빛 눈은 튀어나올 것처럼 아주 커다랗고, 머리도 몸집에 어울리지 않을 정도로 컸다. 얼굴은 창백하고 늘 한 곳만을 바라보는 듯한 시선 때문에 주변을 포함해 어떠한 것에도 관심을 갖지 않는 인상을 풍겼다.

훅은 결코 남에게 좋은 인상을 주지는 못했다. 그러나 천재적인 재능을 타고났으며, 레오나르도 다 빈치 같은 기질도 있었다. 그의 머릿속은 갑자기 생각이 폭발적으로 일어났다가 한순간에 텅 비어 버리기도 했다. 조절이 불가능할 정도로 기복이 심했다.

운명은 그에게 위대한 직관력을 주었

레오나르도 다 빈치

1452~1519

르네상스 시대의 천재적인 화가였던 다 빈치는 발명가, 과학자로도 유명한 사람이다. 비행기를 만드는 방법을 시도했으며, 여러 가지 기계를 만드는 실험을 했다.

지만, 그것을 구체적인 원리로 체계화할 수 있는 수학적인 재능은 주지 않았다. 그는 많은 것을 알고 있었지만 스스로 증명해 낼 수 없었기 때문에 고통스러웠다. 훅은 자신이 닦아 놓은 땅 위에서 다른 사람들이 영광을 누리는 것을 괴로운 심정으로 지켜보아야만 했다. 운명의 장난이라는 말은 바로 훅 같은 사람을 두고 하는 말일 것이다.

고대 그리스와 트로이의 영웅이었던 아킬레우스와 헥토르처럼, 뉴턴과 훅 또한 운명적으로 서로 친해질 수 없는 사이였다. 뉴턴의 반사 망원경이 처음으로 영국 왕립학회 회원들에게 소개되던 날, 질투가 난 훅은 그 정도의 발명품은 대단한 것도 아니라는 식으로 반격했다.

훅은 자신이 이미 8년 전에 굴절 망원경을 제작했으며, 길이가 겨우 2.5센티미터 정도로 주머니 시계 줄에 달고 다닐 수도 있었다고 말했다. 또 그 망원경은 통 길이 15미터 정도 되는 망원경보다 훨씬 성능이 뛰어났다고 했다.

하지만 페스트가 번져 이 발명품을 더 크게 개작하는 일을 계속할 수 없었다고 훅은 말했다. 게다가 유리 연마공이 자신의 비밀을 알아내는 것도 싫었다고 했다. 그렇지만 그 자리에 있었던 사람들이 모두 훅의 말을 믿었던 것은 아니었다. 훅은 늘 자랑을 일삼았고, 도둑이 훔쳐갈까 무서워 자신이 발명한 것을 절대로 발표하지 않을 거라고 입버릇처럼 말하고 다녔기 때문이다.

빛은 입자인가, 파동인가

그런 다음 훅은 시간이 없어서 뉴턴의 논문을 제대로 읽지 못했다고 변명했다. 그것은 뉴턴의 실험을 제대로 재현해 보지도 않았고 그 결과들을 확인하는 데도 소홀했다는 뜻이다. 하지만 그는 뉴턴이 내린 결론에는 동의했다. 한 가지 중요한 점에서는 동의하지 않았지만.

뉴턴은 "확고부동한 사실과 추측을 뒤섞는 일 따위는 하지 않을 것"이며, "빛이 물체인지 아닌지를 놓고 언쟁하는 일은 더 이상 없을 것"이라고 주장했다.

뉴턴은 실험을 통해서 빛이 아주 작은 알갱이들의 흐름이라고 생각했다. 뉴턴의 이러한 생각은 당시에 '입자 이론'이라고 알려졌다. 빛 줄기는 아주 작은 알갱이 즉 입자로 구성되어 있는데, 이것이 물체의 표면을 때려서 스펙트럼의 색깔들이 생기게 된다는 것이다.

반대로 훅은 빛이 알갱이가 아니라 파동이라는 이론을 지지했다. 그는 뉴턴이 증명되지 않은 주장을 한다고 보았다.

입자 이론과 파동 이론
뉴턴은 최초로 빛이 물체에서 나오는 입자로 이루어져 있다고 생각했으며, 빛이 파동이라는 생각을 처음 한 사람은 하위헌스다. 19세기 들어 영과 프레넬은 파동설을 다시 내세웠으나 아인슈타인은 빛이 입자라는 설을 발표했다. 오늘날 양자역학에서는 파동설과 입자설을 모두 인정한다.

"그가 직접 실험했다고 하는 것들도 나에게는 빛이 동일하고 투명한 매질을 통해 진행하는 운동 또는 파동 이상의 것이 아니라는 사실을 증명해 주는 것으로 보인다."

뉴턴의 색깔 이론에 쏟아진 찬사와 반대 의견

이러한 비판에 뉴턴은 무척 화가 났다. 그렇지만 사실과 추측을 혼동하는 실수를 두 번 다시 저지르지 않겠다고 말했기 때문에 뉴턴은 반격을 늦추었다. 그사이 《철학회보》에 실린 그의 논문을 읽었던 다른 자연철학자들이 다양한 반응을 보내왔다.

무엇보다도 눈에 띈 것은, 네덜란드의 위대한 과학자였던 크리스티안 하위헌스가 보내온 것이었다. 그는 전에도 뉴턴의 망원경에 아낌없는 찬사를 보냈다. 이번에도 색깔에 관한 뉴턴의 새로운 이론에 대해 "너무나 뛰어난" 연구라고 칭찬했다. 최고의 찬사였다.

물론 로버트 머리 경처럼 잔소리 같은 의견을 보내오기도 했다. 그는 영국 왕립학회의 설립자 중 한 사람이다. 그는 뉴턴의 실험을 검증하는 방법으로 단순하면서도 거론할 가치조차 없는 네 가지 실험 방법을 보내왔다. 머리는 뉴턴의 실험을 똑같이 재현할 재능조차 없었다.

크리스티안 하위헌스의 초상

뉴턴의 빛의 성질에 대한 혁명적인 논문이 영국 왕립학회에서 출판되자 동시
대의 위대한 과학자였던 하위헌스는 너무나 독창적인 저서라고 뉴턴의 업적
을 칭찬했다.

파르디와의 공방에서 멋지게 승리하다

그리고 프랑스에서 예수회 소속의 언어학 교수였던 이그나스 가스통 파르디가 긴 편지를 보내왔다. 머리처럼 파르디도 여러 차례 실험을 재현해 보려고 했지만 실패했다. 따라서 뉴턴의 결과에 과학적인 편리함이 부족하다는 결론을 내렸다.

이 편지에 화가 머리끝까지 난 뉴턴은 가시 돋친 답장을 보냈다.

"'내가 얻은 결과들'은 증명하기 어렵다. 그러나 그것이 진실이 아니었다면, 나는 그것을 공허하고 쓸모 없는 것이라고 생각하고 버렸을 것이다. 그것을 가지고 가설이나 만들어 구차하게 인정받으려는 꿈 따위는 꾸지도 않았다."

적잖이 당황했던 파르디는 올덴부르크에게도 편지를 보냈다. 물론 뉴턴에 대한 내용도 있었다. 영국 왕립학회의 총무 자격으로 뉴턴의 심기를 거스르는 내용이 있는지 먼저 검토해 본 다음, 케임브리지로 보내 주었으면 한다는 부탁을 적어 놓았다.

파르디는 처음의 논쟁을 철회하고 이번에는 다른 문제를 지적했다. 하지만 그것 역시 뉴턴의 실험가로서의 기술에 대해 의심하는 것이었다.

뉴턴은 훨씬 더 냉정한 답장을 보냈는데, 그 내용은 칠칠치 못한 신부가 실험 하나도 제대로 못한다는 것이었다. '실

험적으로 입증해야 할 것'을 '철학적으로 논하고 있다'라고
반박했다.

뉴턴의 지적에 파르디는 다시 한 번 프리즘을 들고 실험
에 임했다. 이번에는 뉴턴이 처음으로 발표했던 논문에 실
렸던 바로 그 결과들을 얻을 수 있었다. 파르디는 올덴부르
크에게 이렇게 썼다.

"뉴턴의 결정적인 실험들에 대한 의심을 이제는 완전히
떨쳐 버렸습니다. 전에는 이해할 수 없었던 '뉴턴이 지적했
던' 현상을 이제는 확실하게 받아들입니다. 저로서는 더 이
상 바랄 것이 없습니다."

훅의 비판에 대한 뉴턴의 반론

뉴턴이 파르디와의 신경전에서 승리하자 올덴부르크는
뉴턴을 재촉하기 시작했다. 입자 이론에 대한 훅의 비판에
대한 반론을 책에 실으라는 것이었다.

뉴턴은 훅이 자신의 가설을 공정하게 검토해 줄 거라고
기대했는데 실망했다는 말로 반론을 시작했다. 일단 공격의
칼날을 들이댄 뉴턴은 다음과 같은 말로 칼을 비틀었다.

"어떤 사람이 다른 사람의 연구 분야에 대해, 특히나 어
떤 토대에서 그 사람의 연구가 진행되고 있는지 전혀 이해
하지 못한 상태에서, 규칙을 정한다는 것이 정당하지 않다
는 것을 훅 씨도 잘 알 것이다."

뉴턴은 누가 어떤 가설을 받아들이건 간에 달라지는 것은 없다고 주장했다. 빛이 입자든 파동이든 또는 다른 어떤 것이든 색깔의 원리는 변하지 않는다는 말이었다. 사실 훅 정도면 '가설로서 설명되지' 않더라도 자신의 실험을 검증해 줄 수 있는 사람이었던 것이다.

연이은 비판으로 괴로운 심정에 빠진 뉴턴

올덴부르크는 상황을 멋지게 반전시켰다. 올덴부르크는 뭐든지 아는 체하는 훅을 싫어했다. 그는 뉴턴에게 반론을 다시 정리하라고도 하지 않고 바로 영국 왕립학회의 위원회에 제출했다.

올덴부르크가 뉴턴의 반론을《철학회보》11월호에 싣자 훅은 모욕감을 느끼는 한편 당황했다. 뉴턴에 대한 훅의 비판은 한 번도 실리지 않았기 때문이다.

그러나 뉴턴은 자신이 댐에 난 구멍을 손가락으로 막아 보려던 네덜란드의 소년 같다고 느꼈다. 터진 곳을 막을 때마다 다른 곳이 터졌다.

1672년 가을 하위헌스는 다시 올덴부르크에게 편지를 보내 빛에 관한 결론에 대해 자신의 생각을 밝혔다. 하위헌스는 국제적인 과학자 모임에서 뉴턴의 유일한 협력자였다. 올덴부르크는 편지를 뉴턴에게 전해 주었다. 그리고 하위헌스는 뉴턴에게서 다음과 같은 기절초풍할 내용의 답장을 받았다.

"선생님, 제가 영국 왕립학회에서 빠져나올 수 있도록 애써 주셨으면 합니다. 영국 왕립학회를 존경하는 마음은 변함이 없지만, 회원들에게 도움이 되지 않는다는 것을 알았습니다. 저 또한 그 모임에서 얻어 갈 게 없다는 것을 알았습니다. 탈퇴하기를 바랍니다."

더 이상 받지 않게 된 반박 편지

올덴부르크는 지체하지 않고 존 콜린스를 찾아갔다. 콜린스와 뉴턴은 여전히 수학에 관한 편지를 주고받으며 관계를 유지해 오고 있었다. 둘은 머리를 맞대고 사태를 수습할 방안을 찾았다. 그리고 뉴턴이 왕립학회에서 탈퇴하겠다고 말한 것은 누군가 자신을 이해해 주기를 바라서 한 말이라고 결론지었다.

올덴부르크는 뉴턴에게 1/4분기의 회비를 감해 줄 것을 약속하면서 편지를 보냈다.

"'영국 왕립학회'는 당신을 높이 평가하고 있으며 아낀다는 사실에 만족하실 수 있을 것입니다. 그것을 확실히 알려 드리고자 합니다."

뉴턴은 완전히 마음이 풀린 것은 아니었지만, 2주일 뒤에 다시 보낸 편지에서는 자신의 사퇴 문제를 한 마디도 쓰지 않았다. 하지만 다음과 같은 말은 덧붙였다.

"더 이상 철학적인 문제들에 대해서는 생각하고 싶지 않다는 뜻을 밝힙니다."

빛에 대한 그의 논문에 대해 반박하는 편지들은 더 이상 뉴턴에게 전달되지 않았다.

뉴턴에게 전달된 리누스의 편지

침묵의 커튼이 쳐졌다. 이후 2년 반 동안 뉴턴은 외부와 연락을 거의 끊고 지낸다. 그리고 1674년 프랜시스 홀이 뉴턴의 실험을 비판하는 내용의 편지를 올덴부르크에게 보내왔다. 올덴부르크는 라틴어식으로 스스로를 리누스라고 불렀던 그 사람의 편지를 전해 줘야 할지 말아야 할지 망설였다.

중간에서 그 편지를 전달하지 않으면, 과학의 중개인으로서 자신의 지위에 불명예가 되는 일이었다. 결국 그는 그 편지를 뉴턴에게 전했다. 곧장 뉴턴에게서 답장이 왔다. 뉴턴은 여전히 민감하게 반응했다. 그는 편지에서 올덴부르크에게, 히브리어와 수학을 가르치는 교수였던 리누스가 여든 살이나 먹고도 자신의 주장을 전혀 이해하지 못하고 예전에 예수회 소속의 파르디가 저질렀던 실수를 똑같이 반복하고 있다고 썼다.

뉴턴은 더 이상 중요하지도 않은 자연철학의 문제를 놓고

> **히브리어**
> 이스라엘에서 사용되는 언어다. 기원전 13세기부터 성서를 기록하는 데 쓰였으나 기원전 6세기부터 점차 아람어가 많이 쓰이기 시작하면서 예배 의식과 문학에만 한정적으로 사용하다가 19세기 말에 일상어로 부활했다.

논쟁하는 것에 관심이 없다고 좀더 확실하게 밝혔다. 그러나 만약에라도 리누스가 어설프게 얻어진 실험 결과들을 발표한다면, 그것은 "앞뒤도 없는 추측으로 온통 얼버무리는" 바보 같은 짓이 될 거라고 주장했다.

2년 반 동안의 침묵을 깨고 보낸 논문

뉴턴의 논문 〈빛의 특성을 설명하는 가설〉에 실린 내용들은 영국 왕립학회 모임에서 네 차례에 걸쳐 논의되었다.

한편, 런던에 어쩌다가 한 번씩 들를 때면 영국 왕립학회 회원들은 뉴턴의 노력에 대해 기대 이상으로 높이 칭찬했다. 뉴턴은 놀라지 않을 수 없었다. 심지어는 못생긴 훅조차도 개인적으로 만나 보니 전혀 위협적이지 않았다. 사실 뉴턴은 이 실험 감독관이 이전의 생각을 포기하고 자신의 주장을 받아들이고 있다고 오해했다.

뉴턴은 겉으로는 드러내지 않았지만 너무나 인정받고 싶어 했다. 그래서 침묵 선언을 깨기로 결심했다. 1674년도 얼마 남지 않았을 때 뉴턴의 출정 소식에 신이 나 있던 올덴부르크에게 가장 대담하고도 어려운 논문이 도착한다. 그 논문은 뉴턴의 〈빛의 특성을 설명하는 가설〉이었다.

왕립학회 회원들의 기대 또한 컸다. 그해 12월 9일과 16일의 모임은 거의가 뉴턴의 신작 논문에 실린 내용들을 논의하면서 보냈다. 그래서 크리스마스 시즌이 지나고, 12월 30일과 1675년 1월 13일에 있었던 모임을 통해 뉴턴이 정리했던 대부분의 원리들이 회원들에게 소개되었다.

에테르라는 매개 물질을 주장하다

뉴턴은 이 논문에서 '에테르'의 존재를 주장했다. 에테르란 일종의 매체 또는 중개 물질이다. 그리고 에테르로 인해 우주를 관통하여 물질에 작용하는 수많은 힘들이 생성되는 것이다.

뉴턴은 에테르라는 매개 물질을 이용하여 중력을 설명하려고 했을 뿐만 아니라 다른 현상도 고려했다. 그것도 에테르 개념만큼 복잡하기는 마찬가지였다.

그는 응집 현상 또는 물체의 수많은 원소들이 함께 붙어 있게 만드는 서로 끌어당기는 힘을 이용하여 중력을 설명해 보려고 했다. 또한 중력을 설명하려고 동물의 감각이나 흔히 느낌이라고 부르는 것까지도 이용했다.

마지막으로 그는 자신의 비약적인 가설을 뒷받침해 줄 수

단순한 수학식을 넘어 복잡한 현상의
물리적 원인을 밝히고자 했던 뉴턴

뉴턴은 두 가지 면에서 진정으로 위대한 과학자였다. 첫째로, 그는 처음에 가졌던 생각을 소홀히 하지 않고 끝까지 물고 늘어졌다.

둘째로, 하나의 원리를 수립할 때도 그는 이러한 원리를 이용하여 옛것과 새것의 모든 지식을 짜 맞추어 하나의 거대한 틀을 만들어 냈다.

흑사병이 기승을 부려 울스소프에서 머물면서 중력을 연구할 때도 그는 단순한 수학적 계산 이상의 것을 생각했다. 그는 이렇게 복잡한 현상의 물리적 원인을 밝히고 싶었다.

'모든 현상의 물리적 원인은 무엇일까?'라는 주제는 울스소프에 있는 동안 그의 머리에서 단 한 순간도 사라진 적이 없었다. 뉴턴은 다른 사람의 입장이 되어 자신의 가설들을 비판하고 버릴 것을 찾아냈다. 그리고 철저한 검토 작업 끝에 자신만의 포괄적인 가설을 내세웠다.

많은 실험들에 대한 상세한 설명을 논문에 소개해 놓았다.

두 번째 논문에 참고가 된 훅의 논문

뉴턴은 자신의 이론을 한층 강화한 두 번째 논문을 첫 번째 논문과 함께 런던으로 보냈다. 그의 두 번째 논문 제목은 〈관찰에 대한 논쟁〉이다. 그는 빛 입자가 에테르를 통과할 때, 이 매개 물질의 밀도가 균일하지 않기 때문에 그것의 운동 방향과 속도가 달라진다는 의견을 실었다.

그래서 반사 또는 빛의 거꾸로 굽어짐과 유사한 효과가 나타나는 것이며, 빛의 산란 즉 빛이 흩어지는 현상이 나타나게 된다. 그러나 색깔 자체는 입자의 변화에 따라 생겨나지 않는다. 사실 색깔이 달라지는 것은 입자들이 유사한 스펙트럼을 만들고 있다가 서로에게서 분리될 때 나타나는 현상이다.

뉴턴의 두 번째 논문은 훅의 빛에 관한 논문 〈마이크로그라피아〉(작은 물체의 관찰) 덕을 많이 보았다. 훅은 그 논문에서 비눗방울과 같은 아주 얇은 막의 색깔들에 대해 설명했다. 그러나 훅은 관찰에만 의지했던 반면에 뉴턴은 꼼꼼하게 재고 또 수학적으로 분석했다. 그러면서 처음에 훅이 망가뜨려 놓은 기초를 다시 쌓았다.

빛의 산란
원자나 분자에 묶여 있는 전자가 입사광선의 전자기파에 의하여 강제 진동을 일으켜 2차적으로 빛을 내는 현상이다.

훅은 가까운 친구들 몇 명과 함께 런던의 커피숍에서 비밀리에 모임을 가졌다. 대화의 주제는 뉴턴의 최근 업적이었다. 훅은 그 모임에서 있었던 일을 이렇게 기록했다.

"나는 뉴턴이 내 파동 가설을 가져가 버린 것을 보여 주었다."

참을 수 없는 방해꾼

문제는 훅의 실험 결과를 뉴턴이 훔쳐 갔느냐 아니냐가 아니라 뉴턴이 그의 노력을 인정해 주지 않았다는 것이다. 훅은 몹시도 그의 신뢰를 얻고 싶어 했다. 그에게 생각할 거리를 주는 보람찬 일을 하는 사람이라는 칭찬만 해 주었다면, 뉴턴은 아마 훅의 지지를 평생토록 등에 업고 살았을 것이다. 그러나 뉴턴은 스스로를 혼자서 모든 일을 알아서 하는 사람이라고 생각했다.

훅만큼이나 뉴턴도 의심이 많았다. 곧이어 훅이 주도하는 비밀 모임에 대한 소문은 올덴부르크를 통해서 뉴턴에게 전해졌다. 그리고 런던으로 편지 한 통이 날아들었다.

"당신에게 보내 준 내 가설이 자신의 〈마이크로그라피아〉에 실려 있는 것처럼 은근히 말하고 다니는 훅 씨에 대해서는 별로 관심이 없습니다. 저는 그 사람에 대해 부당하거나 떳떳지 못한 일을 했다는 혐의만 피하고 싶을 뿐입니다."

그러면서 뉴턴은 자신이 발견한 것들에 일관된 법칙성이 있으며, 단지 그것을 훅이 이해하지 못할 것이라고 다시 한 번 상기시켰다. 훅에게 뉴턴은 공포스러운 경쟁자였고 또 뉴턴에게 훅은 참을 수 없는 방해꾼이었다.

오랜 불화 끝의 화해

1675년 1월 20일에 있었던 영국 왕립학회 모임에서 올덴부르크가 훅을 비판하는 뉴턴의 글을 읽었을 때 문제는 극으로 치달았다. 총무가 일방적으로 훅을 매도했던 것이다. 훅은 직접 나서서 이 문제를 해결하지 않을 수 없는 상황으로 몰렸다.

그는 케임브리지에 있는 뉴턴에게 직접 편지를 썼다. 훅은 이 문제를 "올덴부르크가 불을 붙여 놓은 뜨거운 불덩어리"라고 했다.

"나는 왕립학회 회지를 통해서 당신의 견해에 찬성한다는 것도 반대한다는 것도 밝힐 수 없었습니다. 그리고 이상한 논쟁에 휘말리고 싶은 생각은 추호도 없습니다."

그리고 그는 뉴턴의 〈빛의 특성을 설명하는 가설〉이 훌륭한 논문이었다고 칭찬했다. "그 분야에 관해서는 자신이 이루어 놓은 것보다 〔뉴턴이〕 더 많은 성과를 거둔" 것으로 판단된다는 말도 덧붙였다. 그 일 이후 둘 사이는 직접 편지를 주고받는 관계로 발전했다.

뉴턴의 답장 또한 한결 누그러졌다. 그는 훅에게 "나의 자랑스러운 친구"라고 했다. 편지에서 그가 보여 준 "너그러운 자유 정신"은 "진정한 철학적 정신이 될" 것이라는 말도 했다. 뉴턴은 훅과 지면에서 논쟁하는 일에서 정말 벗어나고 싶었다. 그래서 사적으로 편지를 주고받고 싶다는 훅의 제안을 선뜻 받아들였다.

나중에 둘 사이의 관계는 다시 악화되고, 그때 누구의 마음이 진심이었는지는 알 수 없게 되었다. 하지만 그 순간만큼은 신사다운 예의를 갖추어 서로 칭찬하고 다정하게 어루만져 주었다.

마침내 뉴턴의 실험 결과를 인정한 훅

뉴턴이 영국 왕립학회에서 프리즘을 이용한 실험들을 소개한 지 4년이 지났다. 전해지는 말로는 훅이나 다른 사람 누구도 이미 명성을 떨치기 시작한 뉴턴의 면전에서 실험 결과를 재현해 보는 일은 일어나지 않았다고 한다.

1676년 4월 27일 목요일, '아주 맑고 화창한 날' 훅은 뉴턴의 편지에 씌어진 대로 따라 해 보았다.

그리고 그 실험들이 가치 있는 것이라고 인정했다. 빛이 입자이든 파동이든 관계 없이, 또 중력이 작용할 수 있는 메커니즘이 에테르인지 아닌지와도 관계 없이.

훅은 이날 있었던 일을 전부 자신의 일기에다 써 놓았다.

토머스 톰피온이 윌킨스 양의 시계를 고쳐 준 일, 지하 창고들을 통과하는 배수관의 방향에 대한 것까지 시시콜콜하게 적혀 있다. 그러나 흔쾌히 뉴턴의 승리를 인정하는 말은 남아 있지 않다.

이 소식이 케임브리지에 전해지자 뉴턴은 기쁜 마음을 감출 수 없었다. 당장 뉴턴은 올덴부르크에게 편지를 보냈다.

"리누스 씨의 친구들도 이제는 군소리 없이 따르게 되겠군요."

우주 공간에서 중력을 설명해 주는
'에테르'라는 물질

에테르는 공기보다 훨씬 낮은 밀도를 갖고 있으며, 공기의 탄성보다 훨씬 더 큰 탄성을 지니고 있다. 에테르는 인간의 감각을 통해 볼 수도 없으며 느낄 수도 없다.

에테르는 세계 어디에서나 발견된다. 그렇지만 태양과 별 그리고 행성같이 밀도가 높은 천체 내부에서보다는 천체들끼리 서로 멀리 떨어져 있는 거대한 우주 공간에서 더 쉽게 발견된다.

뉴턴은 지구와 천체를 거대한 스펀지로 보았다. 지속적으로 천체의 표면을 누르고 있는 눈에 보이지 않는 물질의 흐름을 끊임없이 빨아들이는 스펀지였다.

"이러한 흐름은 모든 물체에 작용한다. 그 힘은 이러한 흐름의 작용을 받고 있는 물체의 표면적에 비례해서 커진다. 천체들 역시 이 힘 속에 있다. 따라서 이러한 흐름이 천체를 누르고 있는 것일 수도 있다."

이렇게 뉴턴의 에테르 개념은 우주 어디에서나 중력이 작용할 수 있다는 가능성을 처음으로 열어 주었다. 일단 에테르가 행성이나 별의 '중심부'로

뚫고 들어가면, 에테르는 어떠한 변형 과정을 거쳐서라도 우주로 되돌아간다. 그리고 우주에서는 에테르의 이러한 순환이 끊임없이 반복된다.

"고체에서 액체가 되고 또 액체에서 고체가 되는 것처럼, 자연은 이 일, 저 일을 주기적으로 바꾸면서 일하는 일꾼과 같다. 그리고 지구와 마찬가지로, 태양도 이러한 혼을 지니고 있다고 보인다. 그래서 계속해서 빛을 내고 있으며, 또 행성들이 자신에게서 더 이상 멀어지지 않게 하는 것이다. 이러한 혼은 태양을 계속 불타오르게 하고 빛의 원리가 된다."

6

연금술에 미친 자연철학자

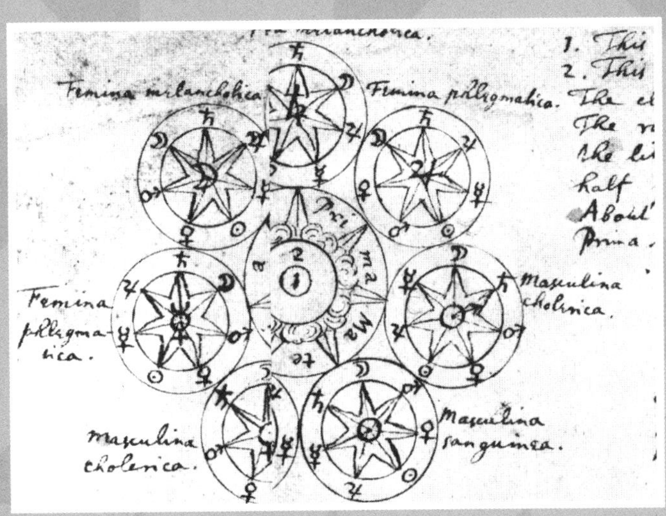

뉴턴의 노트에 있는 현자의 돌 그림

수천 년 동안 연금술사들은 흔히 볼 수 있는 금속을 금이나 은 등의 귀금속으로 바꿀 수 있는 방법을 찾았다. 그리고 이런 특수한 능력을 지닌 물질을 '현자의 돌'이라고 불렀다.

런던에 연극 공연장 글로브 극장이 세워진 해는 1598년이었다. 그리고 윌리엄 셰익스피어의 연극을 '체임벌린스 맨'이라는 남성 연극단이 최초로 무대에 올린 곳도 여기다.

글로브 극장 무대에 올려진 작품들 중에서 사람들의 기억에 가장 깊게 남아 있는 장면이 있다. 바로 비극《맥베스》의 한 장면으로, 동굴 안에서 마녀 세 명이 부글부글 끓고 있는 커다란 솥단지를 둘러싸고 합창한다.

두 배로, 두 배로 고통과 근심이여 커져라.
불은 불타오르고, 솥은 부글거리니.
솥 속은 끓고 타니,
도룡뇽의 눈이여, 개구리의 발톱이여
박쥐의 털이여, 개의 혓바닥이여.

마술에 빠진 자연철학자

셰익스피어 시대에는 마녀가 부글부글 끓고 있는 커다란 솥단지나 이상한 재료들을 잔뜩 집어넣어 만든 냄새 나는 음료를 놓고 마술을 거는 장면을 연극에서 흔히 볼 수 있었다.

그러나 1644년 글로브 극장이 헐리기 2년 전에 태어난 뉴턴이 이상한 재료들을 솥단지에 넣고 무슨 일인가를 한다면 사람들의 입방아에 오르내릴 게 뻔한 일이었다.

어떻게 해서 이 위대한 자연철학자가 현대 과학자들이 그렇게도 애써 근절시키려고 했던 마술에 빠지게 되었는지는 아무도 모른다. 그렇지만 뉴턴이 불이나 솥단지와 인연을 맺게 된 것은 그랜섬에서 약재상을 했던 클라크 씨 댁에 살던 때인 것만은 거의 확실하다.

그 당시에는 약을 만들어 파는 공장 같은 것이 없었다. 당연히 클라크 씨는 가게 한편이나 근처에 작은 실험실을 마련해 놓고 손님들에게 줄 약을 만들었다.

뉴턴이 그의 일을 유심히 지켜 보았다는 것은 학창 시절의 노트에 쓰여 있는 수많은 처방법들을 보면 분명하게 알 수 있다. 그는 처방법들을 기록하는 일말고도 책을 한 권씩 사 모으기 시작했다.

잠자는 것도 잊고 몰두한 이상한 실험들

1660년대 중반기의 그의 '생각의 샘' 노트에는 빽빽하게 글씨가 적혀 있다. 케임브리지대학교에 있을 때 스스로를 '키미스트'라고 불렀던 사람들의 책에서 옮겨 적어 놓은 내용들이 있다. 이들은 새로 등장했던 실험가 집단

키미스트
화학자나 약제사를 뜻하나 연금술사를 이렇게 부르기도 한다.

으로 금속으로 수많은 실험을 했다.

1669년 가을, 런던에 머무는 동안 뉴턴은 휴대용 버너 두 개와 몇 가지 재료를 사 왔다. 자신이 계획했던 실험들을 직접 해 보기 위해서였다. 그때 뉴턴은 이십 대 후반이었지만 긴 머리는 완전히 회색으로 변해 있었다. 그의 같은 방 친구였던 존 위킨스는 "신경이 곤두서 있어 머리 색이 그렇게 되었다"라고 말했다. 잘 웃지 않았던 뉴턴은 수은을 가지고 자주 실험하다 보니 "머리가 수은 색이 되었다"라고 농담을 했다.

뉴턴의 실험실은 그가 쓰는 방에 붙어 있었다. 번잡스런 트리니티 스트리트에서도 그 방이 보였다. 1680년대 들어 실험에 더욱 몰두하면서 뉴턴은 조수까지 두었다. 뉴턴의 먼 친척인 험프리 뉴턴이 조수 일을 했다. 험프리는 뉴턴이 일하던 모습을 생생하게 기록해 두었다. 그의 기록에서 그야말로 일에 푹 빠진 뉴턴의 모습을 엿볼 수 있다.

선생님은 연구에 빠질 때 너무나 진지하고 또 깊이 몰두했습니다. 그래서 먹는 것도 소홀히 하고 아예 잊어버릴 때도 많았습니다. 새벽 두 시나 세 시 전에 잠자리에 드는 일은 거의 없었습니다. 어떤 때는 새벽 다섯 시나 여섯 시가 되어도 잠을 자지 않을 때가 있었습니다. 특히 봄과 가을에는 더 심했습니다. 또 6주 간이나 실험실에서 떠나지 않았던 적도 있습니다. 밤이나 낮이나 실험실에는 불이 켜져 있었습니다. 선생님이 하룻밤을 새우면, 다음 날은 제가 새우면서 계획대로 실험을 마쳤죠. 선

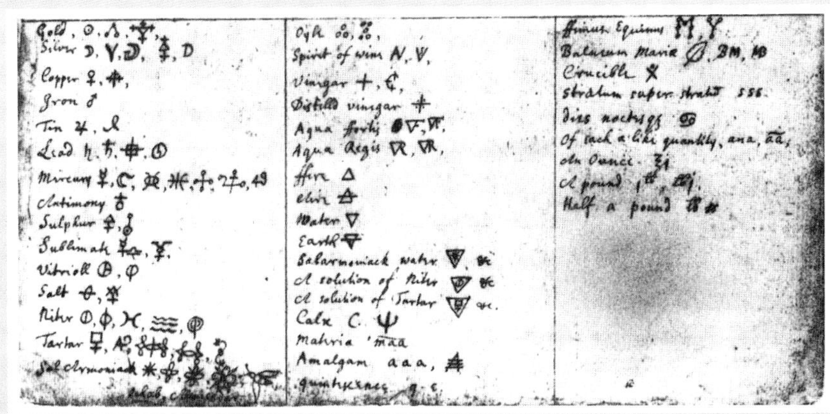

뉴턴이 금속, 화학 원소, 그리고 그것들의 상징을 정리해 놓은 기록.
뉴턴이 연금술의 비밀을 알기 위해 많은 노력을 기울였다는 것을 알 수 있다.

생님은 어떤 실험을 하시든지 항상 정확하고 정밀하고 치밀했습니다.

그렇다면 뉴턴은 어떤 결과물을 얻고 싶어서 그렇게 심혈을 쏟았던 것일까? 그게 무엇이었는지는 가까이에 있던 조수 험프리도 알 수 없었다.

선생님의 목적이 무엇이었는지 저는 전혀 알 수 없었습니다. 그러나 선생님이 그렇게 열심히 하시고 많은 시간을 들였던 것으로 보아, 인간의 능력과 기술로는 얻을 수 없었던 것을 목표로 삼지 않았을까 짐작합니다. 선생님은 포도주나 맥주 같은 술은 전혀 입에 대지 않았습니다. 단지 세끼 식사만 했는데 그것도 아주 조금이었습니다.

누구도 따를 수 없었던 뛰어난 연금술사

뉴턴은 위대한 마술사도 아니었고 현대의 화학자도 아니었다. 그 중간의 어떤 일을 했던 것이다.

아주 오랫동안 전 세계 학자들은 피라미드와 같은 고대의 수수께끼를 풀어 보려고 애썼다. 스스로를 '연금술사'라고 불렀던 학자들은, 돈과 건강과 가족의 행복까지 걸고 '현자의 돌'이라는 것을 찾아내려고 했다.

뉴턴은 그 누구보다도 훌륭한 연금술사였던 것 같다. 그

현자의 돌,
영원한 생명을 얻을 수 있다는 신비의 묘약

'연금술사'라는 단어는 아랍 지역에서 만들어진 말로 화학 약품을 취급하는 사람을 뜻했다. 이들이 찾는 '현자의 돌'은 '신비의 묘약' '신비의 돌' 등 여러 가지 이름으로 불렸다.

'현자의 돌'이란 사실 고체가 아니라 신비한 힘을 가진 액체를 말하는 것이었다. 납과 같이 흔히 구할 수 있는 금속과 섞으면 이 '돌'은 세상에서 가장 귀한 것, 즉 금과 은으로 바뀐다. 그리고 규칙적으로 마시면 영원한 생명을 얻을 수 있다고 알려져 있다. 그것은 16세기의 스페인 탐험가 후안 폰세 데 레온이 찾아 나섰다는 젊음의 샘에서 얻을 수 있는 것과 같은 신비스런 효과를 냈다.

중세의 연금술사들은 자신의 실험 기록들을 비밀 문자와 상징으로 기록했다. 이렇게 해서 경쟁자가 자신이 발견한 비밀을 훔쳐 가지 못하도록 했다. 대부분의 연금술사들은 부유한 후원자의 지원을 받았다. 부자들 역시 언젠가 금을 만들어 내는 비밀이 밝혀지면 더 큰 부자가 될 수 있다는 꿈을 꾼 것이다.

는 죽음에 임박해서 수백 페이지가 넘는 연금술에 관한 자료를 남겼다. 그 가운데 가장 유명한 것이 '인덱스 케미쿠스'(화학 색인)라는 제목의 문서인데 뉴턴이 직접 쓴 것들이었다. '인덱스 케미쿠스'에는 큰 제목만 879개나 되었다. 그리고 다른 연금술 서적에서 찾아낸 내용들에 대해서는 일일이 참고 서적을 밝혀 두었다. 이 모든 걸 보면 적어도 뉴턴이 5,000권 이상의 책을 뒤져 보았다는 결론이 나온다.

뉴턴은 수많은 실험을 했을 뿐 아니라 연금술에 관한 책은 모조리 구해 읽었다. 하찮은 사실 속에도 세계의 구조를 설명할 수 있는 보편적인 물질에 대한 단서가 숨어 있을지도 모른다고 생각했기 때문이다.

토머스 펠렛 박사는 영국 왕립학회의 회원으로 만인의 존경을 받았던 학자다. 그는 뉴턴이 죽자 뉴턴이 남긴 글들 가운데 출판할 것을 골라내는 일을 맡았다. 뉴턴이 해 놓은 연금술 탐구를 보게 된 펠렛 박사는 그만 질려 버렸다. 그래서 그 문서들을 포장지로 싸서 굵은 글씨로 다음과 같이 표시해 놓았다.

"출판하기 부적절함."

연금술을 통해 풀고자 했던 우주의 신비

최근에 와서야 현대 과학자들이 뉴턴의 연금술에 관한 문서들을 자세히 검토했다. 덕분에 훨씬 더 설득력 있고 놀라운 결론을 내렸다. 뉴턴이 부자가 된다거나 수명을 늘릴 수 있다고 믿은 것은 사실이다. 하지만 정말 그가 하려고 했던 일은 부자가 되는 것도, 영원한 생명을 얻는 것도 아니었다. 사실 그는 가장 작은 입자에서부터 가장 큰 별에 이르기까지 모든 물질의 움직임에 대해 궁금해했다. 그리고 모든 것을 알고 있어야 한다고 생각했다.

뉴턴은 오늘날 우주 자체 또는 대우주라고 부르는 것에 온통 관심이 쏠려 있었다. 1666년 이후 그의 관심은 눈에 보이지 않는 물질로 구성된 가장 작은 세계들까지 확대되었다. 가장 작은 세계의 눈에 보이지 않는 물질을 통해서 자연의 모든 것이 형성되고, 성장하고, 소멸하고, 그리고 궁극적으로는 자신의 원래 바탕으로 되돌아가는 것이다.

뉴턴은 이러한 세계를 연구함으로써 빛이 진정으로 무엇인지, 중력이나 자력과 같은 힘이 어떻게 그렇게 먼 거리까지 작용하는지 밝혀낼 수 있으리라 믿었다. 그리고 에테르로 차 있는 물체들 내부에서 어떻게 변화가 일어날 수 있는지도 설명할 수 있을 거라고 믿었다.

과거의 것에 깊이 뿌리 내리고 있던 뉴턴의 연금술

블랙홀

은하의 중심부에서 별이 붕괴되면서 만들어지는 검은 구멍으로 물질이 극단적으로 수축한 상태다. 물질이 극단적으로 수축하면 그 안의 중력은 무한대가 되어 빛이나 에너지 무엇이든 그 안에서 빠져나오지 못한다. 블랙홀은 질량이 매우 큰 별이 진화의 마지막 단계에서 수축하여 생긴다는 설이 있고, 빅뱅으로 우주가 탄생했을 때 만들어졌다는 설도 있다.

어떤 면에서, 뉴턴은 지금까지도 과학의 논쟁거리가 되고 있는 문제들을 생각하고 있었다. 블랙홀이 신비로운 것은 블랙홀에 대한 설명이 거시 세계와 미시 세계를 통일시키는 데 도움이 될 수 있기 때문이다.

상대성이론과 양자역학은 20세기 물리학의 양대 이론이다. 상대성이론이란, 광대한 우주와 일정한 경로를 정할 수 없는 우주를 빠르게 진행하는 빛에 관한 것이다. 그리고 양자역학이란, 눈에 보이지 않는 아주 작은 물질의 세계를 탐구하는 분야다.

문제는 두 세계(가장 거대한 것과 아주 작은 것)를 통합할 수 있는 원리를 만들어 낼 수 있는가 하는 것이다. 처음으로 이 문제에 도전한 사람이 바로 뉴턴이었고, 두 번째 도전자가 아인슈타인이었다. 그러나 두 사람 다 실패했다. 뛰어난 업적을 이루었지만 뉴턴과 아인슈타인 모두 그 문제를 풀지 못한 채 세상을 떠났다. 험프리 뉴턴이 말했던 것처럼 "인간의 능력과 기술로는 얻을 수 없었던 어떤 것"을 뉴턴은 찾아다녔던 것이다.

어떤 면에서 뉴턴은 현대적인 사상가는 아니었다. 물론 많은 사람들이 이러한 평가에 동의하지 않을 것이다.

그때까지도 연금술은 화학이라고 할 수 없는 단계에 있었다. 18세기에 와서 훌륭한 실험가들이 나타난 다음에야 연금술은 화학으로 발전할 수 있었다. 그들은 조지프 프리스틀리, 헨리 캐번디시 그리고 프랑스의 앙투안 라부아지에 등이었다. 이 실험가들은 오랫동안 연금술사들이 가지고 놀았던 화합물에서 화학적 원소들을 구별해 냈다.

자연의 비밀을 풀기 위한 성경 연구

고문서들을 열성적으로 읽었던 뉴턴은 옛것에서 진리를 찾을 수 있을 것이라는 믿음이 있었다. 고대인의 지혜를 구했던 이러한 학문적인 자세는 뉴턴뿐 아니라 르네상스 시대의 학자들도 갖고 있었다. 이들은 자연의 위대한 진리를 옛 사상가들이 알고 있었다고 생각했다. 뉴턴은 그리스의 철학자 플라톤과 데모크리토스, 중세기의 학자 알베르투스 마그누스 등을 연구했으며, 솔로몬 왕, 예언자 이사야, 예수 그리스도 등 성경 속의 인물들도 탐구했다.

뉴턴은 이들이 자연이 어떻게 움직이는지 알고 있었다면, 그것을 복잡한 암호문 같은 비밀 문자로 써 놓았을지도 모른다고 생각했다. 그래서 뉴턴은 따로 노트를 만들어 구약 성서 《이사야》에서 필요한 내용을 옮겨 적기도 했다. 고대 히브리의 예

히브리
이스라엘의 유대인을 가리키는 말로서 '건너온 사람들'이라는 뜻이다. 원래 외국인들이 유대인을 낮춰서 부르거나 신분이 낮은 사람, 노예 계층을 부를 때 사용했다.

언자였던 이사야는 성경에서 진실한 믿음을 가진 자에게 깨달음을 줄 것이라고 약속했다.

그리고 내가 너에게 어둠의 보석과 비밀의 장소의 숨겨진 보화를 줄 것이다. 그러면 너는 나, 하느님이, 네가 그 이름을 불러 주고 있는 것처럼 이스라엘의 왕임을 알게 될 것이다.

뉴턴은 지혜와 깨달음을 "무한한 자연에서 찾을 수 있을 뿐 아니라 《창세기》나 《욥기》, 《시편》, 예언자들의 기록 등과 같은 경전에서도 찾을 수 있으며, 이러한 지혜의 하느님에 대해 알고 있었기 때문에 솔로몬은 세상에서 가장 지혜로운 자가 되었던 것"이라고 노트에 써 놓았다.

그걸 보면, 뉴턴이 예언자들의 말에 상당히 공감했던 것을 알 수 있다. 뉴턴은 솔로몬이 신의 계획대로 짜여진 자연의 비밀을 풀 수 있는 단서를 찾고자 해서 예루살렘에 대성전을 건설했다고 생각했다. 그런 뉴턴이 솔로몬의 대성전의 설계도를 상세하게 그려 보았던 것은 당연한 일이다.

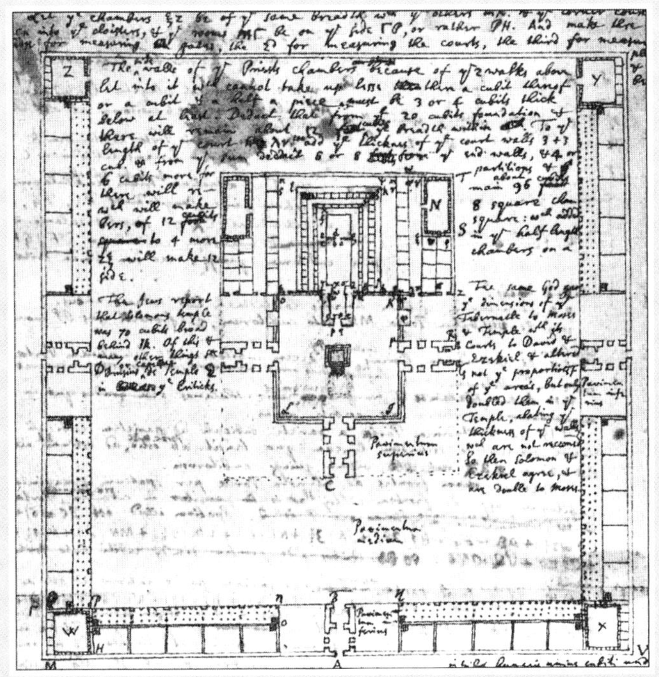

뉴턴은 성경을 주의 깊게 읽었다. 뉴턴이 그린 예루살렘의 솔로몬 왕의 성전 설계도.

연금술은 물질의 움직임을 풀기 위한 열쇠?

뉴턴은 자신이 고대의 지혜를 재발견하고 발전시키기 위해 세상에 나온 사람이라고 생각했다. 따라서 큰 축복을 받은 사람이 될 거라고 믿어 의심치 않았다.

그는 성탄절에 태어났으며, 모든 사람들이 죽을 거라고 생각했던 미숙아였는데도 기적적으로 살아 났다. 그리고 그랜섬의 우등생이 되었다. '기적의 해'에는 빛의 비밀을 밝혀 냈으며, 완전히 새로운 수학을 창조했다. 게다가 과학적 진리의 세계에 길이 남을 중력 계산법을 발견했다. 그가 살았던 시대에 누가 이렇게 많은 업적을, 그렇게 어린 나이에 쌓을 수 있었단 말인가?

그렇다면 뉴턴이 연금술에 그렇게 매달렸던 이유는 물질의 움직임에 대해 더 많은 비밀을 풀기 위해서가 아니었을까? 물질의 움직임이 원자에서 별에 이르는 모든 사물에 어떠한 영향을 끼치는지 밝히기 위한 것이 아니었을까?

물리학이나 수학보다도 중시했던 종교

성경에는 뉴턴이 자연의 '작용'이라고 정의했던 것에 대한 해답이 들어 있었다. 또 성경은 뉴턴의 정신적인 안내자이면서 미래를 알려 주는 수단이었다. 그가 신에 대해 특별한 생각을 품고 있었다는 것은 케임브리지대학교에 다니던

열아홉 살 때의 고백록을 보면 알 수 있다. 거기에는 이렇게 쓰여 있다.

"내 복을 구하여 하느님에게 가까이 가지 말 것. 내 생각대로 살지 말 것. 너 자신을 위하여 하느님을 공경하지 말 것."

이 간단한 몇 문장을 시작으로 뉴턴은 종교에 대한 자신의 생각을 정리했는데, 무려 14만 단어가 넘는 글을 남겼다. 뉴턴은 연금술이나 수학보다도 종교를 연구하는 데 더 많은 노력을 기울였다. 심지어 그의 이름을 영원히 기억하게 한 물리학과 천문학에 쏟은 노력보다도 훨씬 많은 노력을 기울였다.

뉴턴은 사제들보다도 구약 성서와 신약 성서에 대해 더 잘 알았다. 그리고 그의 성경에 대한 해석은 다른 사람들과 아주 달랐다. 위킨스나 트리니티 칼리지의 동료 학자들과 달리 뉴턴은 영국 국교회의 사제로 임명받지도 않았다. 그가 배로 교수의 도움으로 찰스 2세에게 졸업과 함께 성직을 수행해야 하는 의무에서 면제해 달라는 청원을 올렸기 때문이다.

교회의 삼위일체설을 부정하다

1670년대에 들어서면서 뉴턴은 교회에서 믿는 어떤 원리가 잘못되었다는 확신을 갖는다. 뉴턴의 모교였던 트리니티 칼리지라는 이름은 성부와 성자와 성령의 성삼위 대학이라는 뜻을 갖고 있었다. 그리고 헨리 8세는 삼위일체설을 믿고 따른다는 뜻에서 이 학교를 지어 헌정했다. 그렇지만 뉴턴의 눈에는 삼위라는 것이 너무나 이교도적인 형식이었다. 한편 로마 가톨릭 교회에서는 삼위를 받아들여 삼위일체설을 주장했다.

삼위일체설이란 신성한 세 위격, 즉 아버지인 하느님, 아들인 예수, 신성한 영혼이 하나로 통일되어 있다는 설이었다. 뉴턴은 하나로 통일된 세 위격에 대한 숭배는 십계명의 첫 번째 계명에 어긋나는 것이라면서 이 설을 근본적으로 부정했다. 우주의 창조주 하느님은 오직 하나만 있다는 제일 계명에 위배된다는 것이다. 뉴턴에게는 잘못된 교리를 받아들이는 것이 자신의 양심을 어기는 것이나 다름없었다. 그것이 아무리 신성한 명령이라고 할지라도 말이다.

하지만 뉴턴은 왕에게 청원을 올릴 때 솔직하게 말하지 않았다. 그는 자신이 사제직을 맡을 수 없는 진짜 이유를 밝히지 않았다. 왜 그가 거짓말을 했는지는 쉽게 이해할 수 있다. 만일 교회의 교리를 거부했다는 것이 밝혀지는 날에는 트리니티 칼리지에서 해고될 것이며, 울스소프의 집으로 돌아가야만 했을 것이다. 그렇게 되면 자신의 이름을 널리 알릴 수 있는 기회도 박탈당하는 것이다.

예언서와의 대화, 지구의 종말에 대한 예언

뉴턴은 경전에 기록된 것들을 모아서 종교 용어와 종교 사건 그리고 종교적 형상들에 대한 사전을 편찬했다. 이 사전은 '인덱스 케미쿠스'와 비슷한 형식으로 마치 종교 색인 같았다. 그는 성경의 예언이, 그중에서도 구약의 《다니엘》과 신약의 《요한계시록》에 실려 있는 내용이 앞으로 닥칠 사건들을 연대기적으로 기록해 놓은 것이라고 믿었다. 물론 성경은 해석이 중요했고, 뉴턴은 이 일에 자신만큼 적합한 사람이 없다고 판단했다. 당시 삼십 대였던 뉴턴은 이렇게 적고 있다.

"예언서에 있는 지식을 찾아다니다 보니 나는 예언서와 대화할 수 있게 되었다. 그리고 다른 사람을 위해 그것을 기록해야겠다고 마음먹었다."

그렇지만 그것은 뉴턴이 죽은 후에야 다른 사람들이 알게 되었다. 그의 《다니엘과 요한계시록의 예언에 관한 고찰》은 그가 죽은 다음 1733년에 출판되었다.

이 저서에서 그는 사탄(악마)의 저주가 풀릴 것이라고 예언했다. 그리고 "두렵고 의심스럽고 혐오스러운 것들과 살

《다니엘》

구약 성서의 대예언서에 속하는 부분으로, 내용은 기원전 605~562년 신 바빌로니아 제국의 왕 느부갓네살에게 포로로 잡힌 유대인 청년 귀족 다니엘이 전해준 이야기와 그 다니엘이 본 환상에 관한 기록이다. 이스라엘 민족의 신앙과 지혜, 메시아의 출현, 세계의 종말과 심판 등에 대해 예언하고 있다.

《요한계시록》

신약 성서의 마지막 부분으로, 그리스도가 가장 사랑하던 제자 요한이 파트모스 섬에서 받은 환상적인 계시를 적은 것이다. 그리스도의 재림과 교회의 승리, 사탄의 패배와 최후의 심판 등의 내용으로 이루어져 있으며, 새로운 세상의 출현을 예언하고 있다.

인자, 마귀, 바보, 거짓말쟁이는 유황 불이 타는 지옥으로 떨어지게 될 것"이라고 예언했다. 그렇다면 이때가 정확하게 언제라는 것일까? 뉴턴은 그때를 1867년으로 계산했다.

종교와 과학이 사이좋았던 시대에 살았던 뉴턴

뉴턴이 예언했던 것처럼 세계는 종말을 고하지 않았다. 그래서 그의 종교적인 신념을 그냥 좀 특이한 사람의 생각이라고 넘겨 버리기 쉽다. 그러나 분명히 기억해 두어야 할 것이 있다.

뉴턴의 학문은 지금 우리가 보기에도 현대적이다. 하지만 뉴턴은 17세기에 살았던 사람이다. 그가 살았던 시대에는 종교와 과학이 갈등하지 않았다. 따라서 그는 신이 존재하지 않고서는 세계가 움직일 수 없다고 생각했다. 사실 창조주의 간섭이 없다면, 우주는 결국 무너지기 시작할 것이다. 그리고 행성들과 혜성들과 별들이 한꺼번에 부서지면서 붕괴되고 폭발할 것이다. 예언서에 나온 최후의 재앙의 한 장면처럼 말이다.

아마도 뉴턴에게 후대 사상가들의 주장만큼 충격적인 것도 없을 것이다. 후대 사상가들은 그가 발견한 과학적 법칙 위에 우주에는 신이 존재하지도 않고 필요조차 없다는 틀을 세웠으니 말이다.

알랭 마네송 말레의 《우주의 묘사》(1683)에
나오는 혜성의 모습.

7

"세상 누구도
이해할 수 없었던 책"

PHILOSOPHIÆ
NATURALIS
PRINCIPIA
MATHEMATICA.

Autore JS. NEWTON, Trin. Coll. Cantab. Soc. Matheseos
Professore Lucasiano, & Societatis Regalis Sodali.

IMPRIMATUR·
S. PEPYS, Reg. Soc. PRÆSES.
Julii 5. 1686.

LONDINI,

Jussu Societatis Regiæ ac Typis Josephi Streater. Prostat apud
plures Bibliopolas. Anno MDCLXXXVII.

1687년에 최초로 출판된 뉴턴의 《자연철학의 수학적 원리》(프린키피아)의 첫 페이지

천문학자였던 에드먼드 핼리가 출판에 필요한 모든 것을 제공했다. 가죽 표지의 이 책 값은 9실링이었다. 나중에 핼리는 더 싼 가격에 사람들이 사서 볼 수 있도록 했다.

1684년 8월 용모가 수려한 에드먼드 핼리는 사륜 마차에 몸을 싣고 케임브리지로 향했다. 이 젊은 천문학자는 뒷좌석에 앉아 깊은 생각에 빠져 있었다. 그동안 일어났던 몇 가지 일과 결국에는 자신이 풀어야 할 중요한 일에 대한 생각이었다.

핼리와 훅의 줄다리기

금년 초, 핼리는 런던의 세인트폴 대성당을 재건했던 건축가 크리스토퍼 렌 경과 로버트 훅과 열띤 토론을 벌인 적이 있었다. 그때 그는 행성들과 태양 사이의 인력은 그 둘 사이의 거리의 제곱에 반비례한다고 주장했다. 만약에 그의 주장이 사실이라면, 각 행성의 공전 궤도는 케플러의 타원 같은 모양이다. 따라서 양 끝이 둥그스름하게 돌아간 럭비공 모양인 것이다.

핼리는 훅이 "그러한 원리에 근거해서 천체 운동의 모든 법칙들이 해명될 것이라고 확신한다"라고 한 말을 곱씹어 보았다. 새로운 과학에 깊은 관심이 있었던 렌 역시 훅이 내린 결론에 동의했다. 세 사람 모두 같은 결론에 이르렀지만, 그것을 증명할 수 있는 수학적 방법을 찾는 문제가 남아 있었다.

이 문제를 빨리 해결하고 싶었던 렌은 두 달 내에 확실한 증명 방법을 찾아오는 사람에게 아주 귀중한 책을 한 권 주겠다고 제안했다. 겸손한 것과는 거리가 멀었던 훅은 자신은 필요한 증명 방법을 알고 있지만 당분간 비밀에 붙이겠다고 했다. 그렇게 해야 "자신이 그것을 발표했을 때 그 가치의 소중함"을 두 친구가 알게 될 것이라는 점이 그 이유였다.

마감 기한은 다가왔지만 훅에게서는 한 마디 말도 없었다. 그렇게 봄이 지나고 여름이 왔다. 마침내 7개월 간의 침묵을 깨고 핼리는 결단을 내렸다. 그는 케임브리지로 찾아가 답을 얻어 보겠다고 결심했다. 트리니티 칼리지를 찾아가 은

천문학자 에드먼드 핼리
그는 뉴턴의 대작 《자연철학의 수학적 원리》의 출판에 필요한 돈을 대 주었을 뿐 아니라, 손수 뉴턴의 원고를 편집하는 수고도 아끼지 않았다.

둔 생활을 하고 있는 뉴턴에게서 그 문제를 풀 수 있는 실마리를 얻기로 결심한 것이다. 그래서 그는 자신의 운명을 바꾸어 놓을 일을 감행한다.

어머니의 죽음과 친구와의 이별

그즈음 뉴턴은 예전보다도 더 세상을 등진 채 살아가고 있었다. 어머니 한나가 몇 해 전 '악성 열병'이라는 병에 걸리고 만 것이다. 뉴턴은 서둘러서 울스소프로 돌아가 물집

상처를 소독하고 뜬눈으로 병상을 지키면서 온갖 정성을 다해 어머니를 돌보았다. 그러나 어머니의 병세는 회복할 기미를 보이지 않았다. 결국 며칠을 못 넘기고 어머니는 운명했다. 뉴턴은 장자로서 어머니의 재산 대부분을 상속받았다. 이후로 그는 넉넉하게 학문의 길을 걸을 수 있었다.

게다가 존 위킨스가 케임브리지대학교를 떠났다. 뉴턴과 20년 동안 한방을 쓰던 친구였던 위킨스가 스토크 에디스 교구의 목사로 취임했다. 위킨스는 결혼도 했고 니콜라스라는 아들도 있었다. 함께 많은 시간을 보냈지만, 이 두 친구는 이후로 편지 왕래도 안 하고 다시 만나는 일도 없었다.

자신만의 세계에 틀어박히다

혼자가 된 뉴턴은 오로지 일에만 매달렸다. 조수 험프리 뉴턴은 이때 일을 이렇게 얘기한다.

"선생님이 기분 전환으로 오락을 한다거나, 그냥 시간을 보내는 것을 본 적이 없습니다. 그나마 바깥바람이라도 쐴 수 있는 산책이나 승마, 볼링 등 다른 어떤 운동도 하지 않았습니다. 선생님은 시간을 잊어버린 듯이 온통 연구에만 매달렸습니다. 그래서 연구실 밖으로 나오는 일도 거의 없었습니다."

바깥과는 두절된 채 지냈던 뉴턴은 케임브리지대학교의 학생들이 자연철학에 대해 무관심해지자 더 많은 시간을 자신과 보내야 했다. 험프리는 뉴턴이 강의실 벽을 보고 강의를 했던 적도 적지 않았다고 회상했다. 마침내 그의 모습은 강의실에서도 찾아볼 수 없게 되었다.

정신 나간 교수

몇 년이 흘렀을까, 뉴턴은 영락없이 정신 나간 교수 그 자체였다. 뉴턴은 거의 아무것도 먹지 않았다. 연구실로 배달된 저녁 식사가 그대로 있었던 적도 많았다. 또 책상 위를 걸어다니기도 하고, 서서 한두 술 먹는 정도로 식사를 대신하기도 했다. "선생님이 한 번도 편안하게 식탁에 앉아서 식사하는 것을 볼 수 없었다"라고 험프리는 기록했다.

뉴턴이 새벽 두 시나 세 시 전에 잠자리에 드는 일은 거의 없었다. 그는 대개 옷을 입은 채로 잠이 들었다. 그리고 새벽 다섯 시나 여섯 시면 일어났다. 하지만 활기차게 아침을 맞는 데는 전혀 어려움이 없었다고 한다. 은빛의 긴 머리카락은 항상 헝클어져 있었다. 스타킹은 느슨하게 늘어졌으며, 신발은 뒤꿈치가 항상 구겨져 있었다.

아주 드물게 그가 연구실을 나오는 일이 있었는데, 보통은 헨리 8세의 거대한 초상화가 내려다보고 있는 식당에서 식사를 하기 위해서였다. 식당에 가려면 대정원을 건너가야 했는데, 뉴턴은 트리니티 스트리트로 잘못 접어들 때가 많았다. 그래서 식당에 가지도 못하고 연구실로 다시 돌아온

아르키메데스

기원전 287~212년경

고대 그리스의 유명한 수학자이며 물리학자인 아르키메데스는 지렛대 원리를 응용한 기술자로 알려져 있다. 그가 이집트 유학 중 만든 양수기는 '아르키메데스의 나선식 펌프'라고 불리며 지금도 쓰이고 있다. "긴 지렛대와 지렛목만 있으면 지구도 움직일 수 있다"라는 유명한 말을 남겼으며, 물속에서는 부피가 커지면 부력도 커진다는 '아르키메데스의 원리'를 발견했다.

적도 종종 있었다.

날씨가 좋으면, 뉴턴은 가끔 연구실 정원에 나타났다. 지팡이 하나를 들고 그는 자갈길을 걸었다. 그러면 다른 교수들은 이 천재의 작업을 방해할까 봐 자리를 피해 주었다. 험프리의 기록을 한번 보자.

"선생님은 가끔씩 이상한 행동을 했습니다. 갑자기 벌떡 일어나거나 빙글빙글 돌거나 아르키메데스처럼 계단을 뛰어 오르기도 했습니다. 또 책상에 기대어 서서 무엇인가를 열심히 써 내려갔는데, 선생님은 의자에 편안하게 앉아서 쓰는 것도 잊어버린 것 같았습니다."

너무나 연구에 몰두한 뉴턴에게는 시간도 공간도 없는 것 같았다. 어쩌면 하루하루가 지나가는 것이 그의 실험에 관한 연구서가 한 장 한 장 쌓여 가는 속도를 못 따라가는 것처럼 보였다.

젊은 천문학자 핼리와의 만남

핼리는 케임브리지대학교에 도착해 첫발을 내려놓았다. 하지만 그는 이때까지도 어떤 것을 얻게 될지 확실하게 알 수 없었다. 핼리로서는 뉴턴과 계속 알고 지냈던 것도 아니고 예전에 런던에서 딱 한 번 그를 보았을 뿐이었다. 더군다나 훅과의 일이 세상에 널리 알려져 있었다. 뉴턴과 훅은 이제 더 이상 불미스런 일은 벌이지 않고 서로 인정하는 사이가 되었지만, 아직도 크고 작은 모든 과학적인 문제에서 사사건건 으르렁거렸다.

그러나 뉴턴은 뜻밖에도 핼리의 방문을 따뜻하게 맞아 주었다. 이 젊은 천문학자가 뉴턴을 찾아온 진짜 이유를 밝히기 전에 둘은 많은 이야기를 나누었다. 마침내 핼리가 물었다.

"태양이 행성에 미치는 인력이 행성이 태양에서 떨어진 거리의 제곱에 반비례한다면, 행성의 운동 궤도를 나타낼 수 있습니까?"

뉴턴은 생각해 보지도 않고 '타원'이 될 거라고 대답했다. 핼리는 이때를 놓치지 않고 어떻게 그것을 알게 되었느냐고 물었다.

"계산을 하면 알 수 있습니다"라고 뉴턴은 대답했다.

핼리가 계산법을 볼 수 있느냐고 묻자, 뉴턴은 산더미처럼 쌓인 종이들을 뒤적거리기 시작했다. 그동안 흥분한 핼리는 가쁜 숨을 고르고 있었다. 다행인지 불행인지, 뉴턴은 결정적인 문서를 찾아내지 못했다.

핼리는 자신에게 필요했던 계산 방법을 써 놓은 문서를 손에 쥐지 못한 채 떠났다. 그렇지만 이것으로 모든 것이 끝난 것은 아니었다. 뉴턴은 핼리와 헤어지기 전에, 다시 계산해서 나중에 런던으로 보내 주겠다고 약속했다.

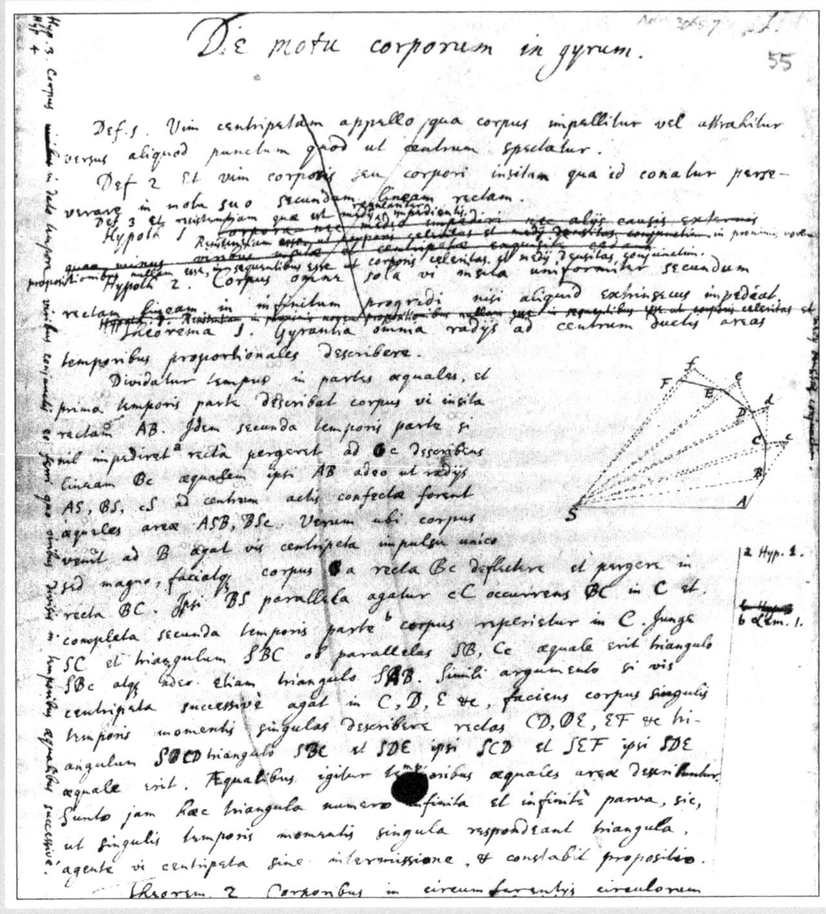

〈물체의 궤도 운동에 대하여〉의 초고

《자연철학의 수학적 원리》의 바탕이 된 작품이다.

핼리의 두 번째 케임브리지 방문

한 번 더 핼리는 가슴을 졸이며 기다렸다. 뉴턴한테서는 아무 소식도 없었고, 그렇게 3개월이 후딱 지나가 버렸다. 뉴턴은 이전과는 다른 수학적 방법을 이용하여 타원형 궤도에 대한 문제를 풀어냈다. 그러나 뉴턴 스스로 만족스럽지가 않았다. 이런 사정을 알 리 없는 핼리는 당연히 초조했다.

뉴턴은 그 세 달 내내 〈물체의 궤도 운동에 대하여〉라는 아홉 쪽짜리 원고를 붙들고 고군분투하고 있었다. 마침내 1684년 11월, 핼리와 훅 그리고 렌이 사건의 시발점이 되었던 토론을 벌인 지 11개월이 지나서야 런던에 〈물체의 궤도 운동에 대하여〉라는 논문 한 부가 날아왔다.

핼리는 놀라지 않을 수 없었다. 드디어 운동과 운동에 영향을 끼치는 힘과의 관계를 연구하는 일반 역학이 이 아홉 쪽짜리 논문에서 탄생했다. 그리고 너무나 다행스럽게도 역학에 수학이 도입되어 있었다.

한순간도 지체할 수 없었다. 핼리는 북쪽으로 마차를 돌려 두 번째로 케임브리지대학교를 방문했다. 그는 뉴턴이 그 논문을 영국 왕립학회에 제출하는 데 동의할 것인지, 그리고 모든 과학자가 볼 수 있게 출판하도록 허락해 줄 것인지 알아내야만 했다.

위대한 과학책 탄생에 대한 예감

12월 10일, 핼리는 영국 왕립학회의 동료 회원들과 새 회장 새뮤얼 피프스 앞에서 연설했다. 그는 최근에 뉴턴을 방문해서 얻었던 성과와 '흥미진진한 논문' 〈물체의 궤도 운동에 대하여〉에 대해서 설명했다. 핼리의 보고는 의무적으로 회의록에 기록되었다. 그리고 그에게는 뉴턴을 설득하여 가능하면 빠른 시간 내에 그의 최근 논문을 출판하는 일이 맡겨졌다.

뉴턴은 처음에는 〈물체의 궤도 운동에 대하여〉를 한 번으로 끝낼 작업으로 생각했을지도 모른다. 그러나 일단 창조력에 불이 붙기 시작하자 그의 능력은 폭발하듯 터져 나왔다. 그리고 1685년 1월 핼리에게 다음과 같은 편지를 보낸다.

"이제는 이 문제에 매달려 살고 있습니다. 논문을 출간하기 전에 문제의 기초를 좀 더 확실하게 다져 놓을 수 있게 되어서 기쁩니다."

〈물체의 궤도 운동에 대하여〉는 뉴턴의 대작이 될 것이며, 지금까지 씌어진 유례 없는 위대한 과학책으로 부화할 하나의 알이었다.

18개월 간의 산고 끝에 태어난 저서

18개월 간의 산고가 시작되었다. 이 시간 동안 뉴턴은 과학의 역사에서 가장 값진 노력을 쏟아 부었다. 1686년 4월, 영국 왕립협회에 그는 결실의 일부를 제출했다. 거기에는 《자연철학의 수학적 원리》라는 제목이 붙어 있었다. 그래서 그것은 간단하게 《원리》(또는 '프린키피아')라고 불리게 된다.

한 달 뒤에 왕립협회 회원들은 이 책의 출판에 들어가는 비용을 왕립협회에서 대 주는 것에 동의했다. 그러나 이 결정은 2주 후에 번복된다. 왕립협회 금고가 바닥났기 때문이었다. 회원들은 핼리에게 이 문제를 부탁했다. 그는 기꺼이 자신의 주머니를 털어 모든 출판 비용을 댈 것이며, 책의 편집도 맡아서 하겠다고 나섰다. 핼리의 적극적인 협조야말로 행운이 아닐 수 없었다.

뉴턴이 처음으로 일부 내용을 발표하자마자, 이에 질세라 로버트 훅도 그간의 성과들을 발표했다. 그런데 서로의 것이 너무나 유사해서 누가 누구의 것을 훔쳤다고 해도 고개가 끄덕여질 정도였다. 훅은 자신이 '중력은 거리 제곱에 반비례'한다는 법칙을 뉴턴보다 6년 먼저 발견했으며, 이 발견을 뉴턴에게 편지로 알려 주었다고 했다.

훅이 낙하하는 물체의 경로에 대하여 뉴턴이 실수한 것을 고쳐 준 것은 사실이었다. 그러나 이 일과, 행성과 태양 간의 거리가 멀어질수록 둘 사이의 끌어당기는 힘은 감소한다('중력은 거리 제곱에 반비례')는 사실을 증명하는 것과는 아무 관련이 없었다.

18세기의 프랑스 과학자 알렉시 클로드 클레로는 이 일을 이렇게 정리했다.

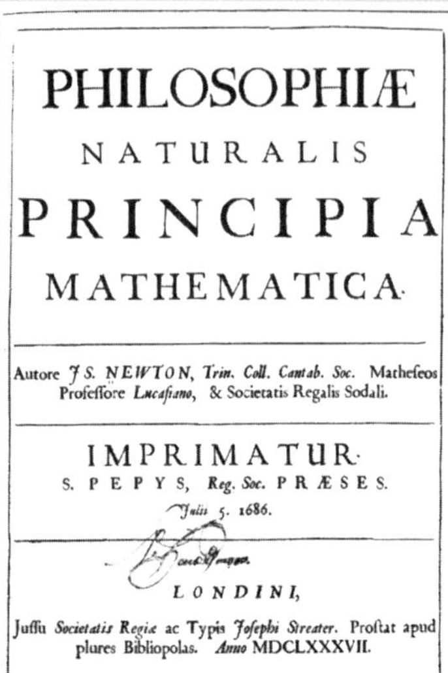

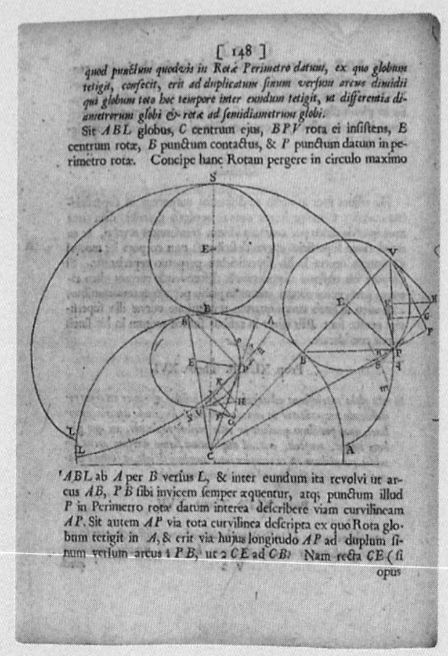

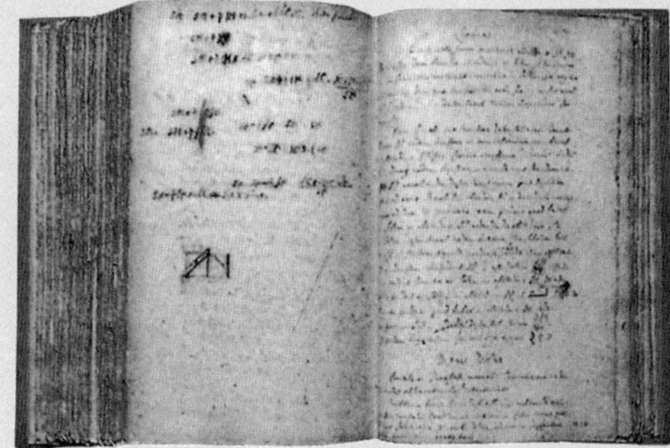

《자연철학의 수학적 원리》
(1687년 출간)
뉴턴이 직접 교정을 보았다.

"진리를 한번 보고 만 것과 진리를 설명해 주는 것은 전혀 다른 종류의 일이다."

세상 누구도 이해할 수 없었던 책

훅의 원망에 가까운 주장이 뉴턴의 귀에 들어갔을 때, 뉴턴이 격노했던 것은 당연했다. 그 즉시 뉴턴은 핼리에게 편지를 보냈다. 뉴턴은 얼마나 화가 났는지 《프린키피아》의 나머지 부분을 발표하지 않겠다고 위협했다.

예의 바르고 온화한 얼굴에 키가 컸던 핼리의 등장은 많은 사람에게 행운이었다. 우여곡절이 없었던 것은 아니지만, 뉴턴에 대한 그의 태도는 한결같았다. 핼리는 항상 신사다웠다. 뉴턴을 만나는 일에서부터 편지를 쓰는 일까지 그는 늘 세심하게 신경썼다. 그래서 둘 관계는 40년 동안이나 지속되었다.

핼리는 이 일에 재빠르게 대처해 폭풍을 잠재웠다. 그는 훅이 바랐던 것은 책으로 나온 《프린키피아》 서문에 자신의 이름이 언급되는 것이 전부였다는 뜻을 뉴턴에게 전했다. 훅의 소원을 들어주는 게 뉴턴으로서는 별로 어려운 일도 아니었다. 그리고 뉴턴으로서는 자선을 베푸는 일이기도 했다. 그렇지만 화가 풀리지 않은 뉴턴은 원고를 훑어보면서

알렉시 클로드 클레로

1713~1765

프랑스의 수학자이며 물리학자다. 13세 때 벌써 파리 아카데미에 수학 논문을 제출했으며, 18세 때 〈공간곡선의 곡률에 관한 연구〉를 써서 해석적 곡선론의 선구자가 되었다. 지구의 형상에 대한 연구로서, 회전하는 타원체의 끌어당기는 힘의 문제를 다룬 《지구 형상론》과 달의 운동과 세 천체 사이의 문제에 대해 밝힌 《달의 이론》을 썼다.

훅의 이름이 들어간 부분을 전부 없애 버렸다. 이 한바탕의 폭풍이 지나가고 난 후에 뉴턴은 출간을 허락했다.

《프린키피아》는 뉴턴이 살았던 시대뿐만 아니라 지금도 쉽게 읽을 수 있는 책이 아니다. 책이 출간되고 난 후 뉴턴이 거리를 지나는데 어떤 학생이 이런 말을 했다고 한다.

"자신도 이해하지 못하고 세상 누구도 이해할 수 없는 책을 쓴 사람이 저기 가고 있다."

그로부터 약 250년 뒤 아인슈타인이 상대성이론에 관한 논문들을 발표했을 때도 이와 똑같은 상황이 벌어졌다.

"모든 사물은 서로 끌어당긴다"

뉴턴은 세 권으로 이루어진 《프린키피아》에서 세 가지 운동 법칙과 중력 법칙을 수학적으로 유도한다. 특히 중력을 설명하기 위해 운동 법칙에 눈을 돌렸다는 점에서 뉴턴의 업적은 탁월했다는 것이 증명된다. 이제 중력은 더 이상 태양과 행성 사이에만 작용하는 법칙이 아니었다. 중력은 크든 작든 존재하는 모든 물체에 적용되었다. 모든 물체의 보편적인 특성으로서 중력의 힘은 오로지 각 물체가 갖고 있는 물질의 양에 의해 달라진다. 제3권의 일곱 번째 명제이다.

"물질의 모든 입자는 다른 모든 입자를, 질량의 곱에 비례하며 거리의 제곱에 반비례하는 힘으로 끌어당긴다."

이렇게 세련된 원리가 또 있을까?

뉴턴은 모든 물체를 똑같이 대우하면서 우주를 '민주주의'로 만들어 놓았다. 가장 작은 원자에서부터 거대한 행성에 이르기까지 모든 것이 영원불변의 법칙에 복종한다. 어떻게 하나의 인간 속에 이렇게 심오한 생각이 자리잡을 수 있었던 것일까?

이제 뉴턴은 모든 준비를 마쳤다. 어떻게 해서 보편적인 중력의 법칙으로 수세기 동안 위대한 지성들을 혼란에 빠뜨렸던 현상을 설명할 수 있는지 보여 줄 때가 된 것이다. 본인의 말대로 그는 "자신이 찾아낸 자연 현상의 원인들이 그 모든 것을 설명하는 데 충분하고 또한 진실이라는 것을 인정했던 것"이다.

왜 토성과 달은 흔들거리며 공전할까?

그는 토성의 공전 궤도에 주의를 집중했다. 몇 년에 걸쳐 그는 토성의 정확한 운동 경로를 계산해 내려고 했다.

태양과 토성 사이에 서로 끌어당기는 힘이 작용한다고 전제하지 않고서는 쉽게 문제를 풀 방법을 찾을 수 없었다. 그러나 문제는 토성의 운동이 다른 천체의 영향을 받는다는 사실 때문에 복잡했다. 특히 이웃한 목성이 심각한 영향을 끼쳤다.

토성
태양계에 속하는 여섯 번째 행성으로 목성 다음으로 크다. 적도의 반지름이 약 6만 킬로미터이며, 무게는 지구의 95배에 이른다. 토성은 적도 둘레를 여러 개의 고리가 둘러싸고 있는데, 그것은 수많은 고체 알갱이가 모여 이루어진 것으로 토성 주위를 공전한다.

태양은 태양계의 모든 행성들을 합쳐 놓은 것보다 수천 배나 많은 물질로 이루어져 있다. 따라서 태양은 태양계의 주인이었다.

하지만 목성의 크기 또한 이웃한 토성의 공전 궤도에 작은 변화, 즉 섭동 현상을 일으킬 수 있었다. 따라서 토성이 태양의 둘레를 타원을 그리며 돌 때면 마치 술 취한 선원이 운전하는 배처럼 약간씩 흔들린다.

미적분학을 발견한 뉴턴조차도 '세 천체 사이의 문제'에 대해 대략적인 방법 이상의 것은 생각해 낼 수 없었다. 이 문제는 물리학에서 가장 어려운 문제에 속한다.

뉴턴은 이 문제 때문에 골치를 앓았다. 실제로 두통 때문에 천으로 이마를 싸매고 막대기로 조이고 있어야 했다.

그가 처음으로 주장했던 행성의 섭동 현상에 대한 연구는 시간이 흘러갈수록 더 많이 수정되었다. 그러다가 드디어 1846년 해왕성의 존재가 발견되었다. 천왕성을 중력으로 끌어당기는 해왕성의 정체가 드러난 것이다. 또한 해왕성은 이론적인 계산을 토대로 발견해 낸 최초의 천체였다.

달의 불규칙한 공전은 여러 세기 동안 많은 천문학자들을 괴롭혀 왔다. 뉴턴 또한 이 현상에 상당히 매료되었다. 달의 공전은 지구가 끌어당기기 때문에 영향을 받지만, 거대한 태양 질량의 영향도 받는다. 행성의 섭동 현상과는 달리, 달이 흔들거리며 공전하는 것은 훨씬 더 자주 관찰된다. 그리고 그 흔들림의 정도 또한 크다.

하여튼 복잡한 계산법을 이용하여, 뉴턴은 이러한 커다란 교란이 어떤 식으로 나타나는지를 설명할 수 있었다. 갈릴레이가 손수 만든 망원경으로 1609년에 발견했던 목성과 목성의 위성들에도 그는 똑같은 방법을 적용해 보았다.

지구는 회전하는 타원체

《프린키피아》에서 뉴턴이 내린 결론들 중에 사람들의 관심을 끄는 것이 또 있다. 뉴턴은 지구와 다른 행성들이 약간 타원형의 천체라고 주장했다. 이 천체들은 양 극 또는 축에서는 약간 평평하고, 적도 쪽에서는 약간 불룩하다는 것이다.

다시 말하자면 둥그런 풍선을 양손으로 살짝 누르고 있을 때의 모양이라는 것이다.

지구의 경우, 적도 쪽이 부풀어 올랐다는 것은 적도 부근의 지표면이 북극과 남극의 지표면보다 몇 킬로미터가 높다는 뜻이다. 얼핏 보면 대단한 차이 같지 않지만 여기에는 아주 중요한 뜻이 담겨 있다.

뉴턴의 초상화

또한 뉴턴은 《프린키피아》의 다른 부분에서 완전한 구체는 마치 그것의 중심에 모든 무게가 집중되어 있는 것처럼 다른 물체를 잡아당긴다고 설명한 적이 있다. 그렇지만 지구와 같은 타원형의 천체는 하나의 중심을 가질 수 없다.

이는 행성의 중력이 미치는 범위(중력장)의 강도가 어느 곳에서나 똑같을 수 없다는 뜻이다. 지구는 달을 잡아당기고 있고, 반대로 달도 지구를 잡아당기고 있는데, 중심에서 약간 벗어난 곳을 서로 잡아당기고 있는 것이며, 불룩하게 된 적도에 물질이 가장 많이 집중되어 있기 때문에 이 부분에서 잡아당기는 힘이 가장 세다는 것이다.

결과적으로 우리는 한쪽이 약간 더 무거운 거대한 팽이를 놓고 씨름하고 있는 것이다. 이 때문에 행성의 자전축이 하늘에 원뿔 모양을 그리며 아주 천천히 돌아가게 된다. 이런 현상을 가리켜 천문학자들은 '춘분점 세차'라고 부른다.

이 현상은 기원전 2세기 말엽에 활동했던 그리스 천문학자 히파르코스가 처음으로 관찰했다. 그러나 이 현상을 놓고 어떻게 설명해야 할지, 어떻게 풀어야 할지 수많은 천재들이 도전했지만 모두 실패했다. 코페르니쿠스조차도 좌절하고 말았다.

뉴턴은 이러한 원뿔형 운동을 계산하는 일에 도전했다.

바닷물의 밀물·썰물 현상에 작용하는 태양과 달의 인력

수많은 수수께끼들이 천문학자들을 괴롭혔다. 특히 바닷물이 왜 밀려 갔다 밀려 오는 밀물·썰물 현상을 반복하는지 설명할 수 있는 사람은 아무도 없었다. 그러나 뉴턴이 이 수수께끼를 한 줄의 말로 풀어냈다.

"바다의 밀물과 썰물은 태양과 달의 작용에 의한 것이다."

뉴턴은 다음과 같은 결론을 내렸다.

끌어당기는 힘은 끌어당기고 있는 천체를 바라보고 있는 쪽의 물에 작용하는 것이 지구 전체에 작용하는 것보다 크며, 지구 전체에 작용하는 것이 반대편의 물에 작용하는 것보다 크다. 달이 지구에 가까이 있기 때문에 달의 중력이 밀물과 썰물을 만든다는 것이다. 지구와 달 사이의 거리는 약 38만 4,400킬로미터인 데 비해 태양과의 거리는 1억 4,960만 킬로미터에 이른다. 이 때문에 음력으로 어떤 날이 되면 지구 전체의 넓은 지역에서 25시간이 약간 못 되는 시간 동안 바닷물이 큰 폭으로 빠져나갔다가 들어온다. 그것을 '사리'라고 부른다.

태양의 인력도 이와 유사한 현상을 만든다. 양력으로 어떤 날이 되면 24시간 동안 바닷물이 소폭으로 빠져나갔다가 들어온다. 이를 '조금'이라고 한다. 이렇게 달과 태양의 영향을 받아서 주기적으로 바닷물의 조석의 차가 커졌다 작아졌다 하는 것이다. 사리에는 태양과 지구와 달이 일직선으로 있어 어느 때보다도 중력이 크게 작용한다. 조금에는 태양과 달이 직각으로 있다.

뉴턴의 계산이 세계 어떤 지역에서의 조수의 차이를 정확하게 맞출 수 있을 정도로 정밀한 것은 아니었다. 그렇지만 과학지식의 진보를 이루었다는 평가를 받기에 충분한 공헌이다.

그리고 달이 지구의 중심에서 약간 벗어난 곳을 잡아당기고 있다는 것에 주목했다.

이것에서 단서를 얻어 그는 지구의 자전축이 하늘에서 원뿔형으로 한 바퀴 도는 데 2만 6,000년이 걸린다고 계산해 냈다. 이 천재는 한 번 더 신비에 싸인 현상을 설명하고, 그것이 일어나는 주기를 계산해 내는 승리를 거두었다. 사과가 땅으로 떨어지는 것은 지구가 사과를 잡아당기고 있기 때문이라는 단순한 생각이 신비를 푼 것이다.

혜성도 중력의 영향을 받는다

젊었을 때 뉴턴은 혜성을 기다리는 사나이였다. 그는 밤새도록 홀로 앉아 혜성을 관찰했고, 잠을 자지 못해 병에 걸리기도 했다. 그가 태어나기 전에는 신비의 방문객 혜성을 지구를 떠나 대기 중으로 날아가는 가벼운 물체라고만 여겼다. 시간이 더 흘러서야 혜성은 어엿한 천체로 인정받았다. 그러나 그 누구도 밤하늘을 가로지르며 날아가는 혜성의 불규칙한 운동에 대해서는 설명할 수 없었다.

뉴턴은 혜성이 단단한 물질로 구성되었을 것이라고 믿었다. 따라서 행성과 마찬가지로 혜성도 똑같은 중력의 영향을 받을 것이라고 생각했다.

그러나 왕실 천문학자였던 존 플램스티드의 관측 자료들을 보고 나서 혜성의 운동이 행성의 운동보다 훨씬 더 복잡

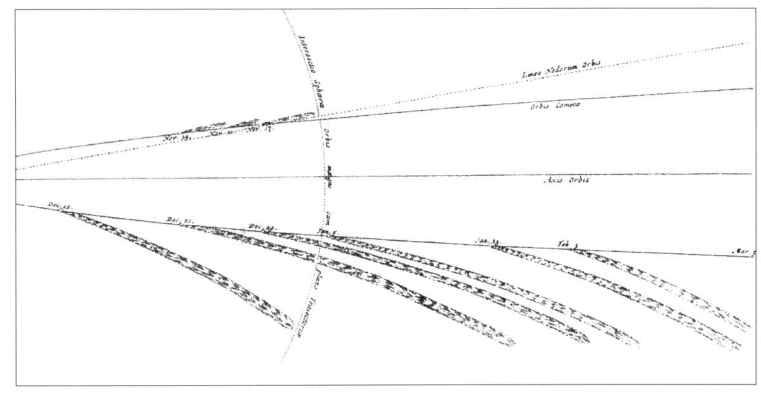

하다는 것을 알았다. 훅만큼이나 뉴턴과 플램스티드의 사이도 좋지 않았다.

뉴턴은 천체가 이전에 생각했던 것보다 훨씬 더 찌그러진 곡선을 그리며

뉴턴은 혜성의 운동을 자세하게 관찰했다. 이렇게 함으로써 그는 자신의 이론을 검토하고 더 확고하게 수립할 수 있었다.

운동한다는 것을 증명하는 데 매달렸다. 곧 그는 구체적으로 이러한 생각을 전개할 수 있었다. 그리고 혜성이 태양의 둘레를 원뿔 곡선을 그리며 운동한다는 결론을 내렸다. 마침내 이 자연철학자는 1681년 대혜성의 곡선을 그려 냈다.

핼리 혜성의 발견

《프린키피아》에서 읽은 내용을 기초로 핼리도 혜성에 관한 이론에 파고들었다. 이 천재적인 천문학자는 1682년에 그 자신이 자세하게 관찰했던 혜성의 궤도에 특히 관심이

많았다. 그리고 과거의 기록들을 샅샅이 뒤지는 노력 끝에 그와 유사한 혜성이 1607년과 1531년에도 나타났다는 것을 발견했다. 그 혜성이 나타난 주기는 약 75년이었다.

이러한 기록은 같은 혜성이 주기적으로 되돌아온다는 것을 암시한다. 핼리는 그 혜성이 주기적으로 나타난다는 전제하에 궤도를 계산했다. 그리고 그것이 1758년을 전후해서 돌아올 것이라고 예언했다.

1758년 성탄절에 아마추어 천문학자였던 게오르크 팔리치는 문제의 혜성의 기다란 자태를 관측했다. 그 혜성을 지금은 핼리 혜성이라고 부르며, 1758년 성탄절은 뉴턴이 태어난 지 116년이 되는 날이었다. 그 후로 핼리 혜성은 세 번 더 나타나, 뉴턴이 자연의 위대한 신비를 수학 법칙으로 풀어냈다는 것을 확인해 주었다.

조화롭고 합리적인 우주를 발견한 사람

한 걸음 뒤로 물러서서 뉴턴의 우주를 멀리서 바라본다면, 우리의 눈에는 정확하게 어떤 모습이 보일까? 《프린키피아》에 따르면, 끝도 없이 펼쳐진 무한대의 허공이 보일 것이다. 물질은 끝도 없는 심연 속에서 움직이는 일부분에 불과하다는 것을 깨닫게 될 것이다.

뉴턴의 추종자들은 그것을 거대한 기계에 비유했다. 마치 중세기 건물의 전면을 장식하는 시계처럼, 모든 운동은 역학의 법

칙으로 설명될 수 있으며, 인간과 인간의 감각으로 느낄 수 있
는 세계는 우주에 아무런 영향도 끼치지 않는다. 그 세계는 감
각은 없지만 정확하고 조화롭고 합리적인 원리가 지배하는 세
계다. 수학적 법칙은 물질의 각 입자를 다른 모든 입자와 묶어
주고, 무질서와 혼돈으로 빠지는 것을 막는다.

뉴턴은 중력의 법칙을 허공에까지 확대하여 물리학과 천
문학을 운동하는 물체의 과학으로 통일시켰다. 피타고라
스, 코페르니쿠스, 케플러, 갈릴레이 그리고 지식을 갈구했
던 수많은 사람들의 꿈을 뉴턴이 이루어 냈다.

뉴턴은 지금까지도 풀리지 않는 수수께끼로 남아 있는
중력의 발생 원인을 밝히지는 못했다. 하지만 그가 수립
했던 법칙들을 통해 인간이 질서 있고 이해할 수 있는 우
주에 살고 있다는 것을 증명하게 되었다.

운동의 세 가지 법칙과
동역학이라는 근대 물리학의 수립

《프린키피아》는 세 권으로 구성되어 있다. 제1권은 마찰이나 저항이 전혀 없는 상황에서의 운동 문제를 다루고 있다. 제2권은 유체의 운동과 마찰이 유체 속에서의 고체 물체의 운동에 미치는 영향에 관한 것이다. '세계의 체계'라는 제목이 붙은 제3권은 세 권 중 가장 중요하며, 많은 관심을 끄는 책이다.

뉴턴의 제1법칙에 따르면, "물체에 힘을 가해 상태를 바꾸지 않는 한, 모든 물체는 정지해 있는 상태나 직선으로 일정하게 움직이는 상태를 유지하려고 한다."

사실 이러한 원리를 최초로 정립한 사람은 갈릴레이였다. 뉴턴은 이탈리아의 갈릴레이라는 천재가 만든 원리를 자신의 역학 체계에 맞게끔 다시 만들어 냈다. 따라서 물체에 외부의 힘이 작용하지 않는다면, 그 물체는 일정한 속도를 유지하며 동일한 방향으로 계속 운동할 것이다. 그러므로 가만히 내버려둔다면, 행성은 태양의 주위를 영원히 돌 것이다.

뉴턴이 이미 수학적으로 설명했듯이 행성들은 태양을 돌고 있으며 타원형의 궤도를 그리고 있다. 뉴턴의 제1법칙에 따르면, 행성들은 무한한 우주로 직선으로 멀어져 나가야 한다.

하지만 그렇지 않은 이유는 무엇일까? 여기에서 뉴턴의 제2법칙이 진가를 발휘한다.

"(물체의) 운동의 변화는 물체에 가해져 운동을 일으키는 힘에 비례한다. 그리고 이 힘이 가해진 직선 방향에 변화가 일어난다."

간단히 말하면, 이 법칙은 공전하는 행성은 태양을 향해 직각으로 끌리고 있다는 뜻이다. 우주 바깥으로 나가려는 자연스러운 특성, 즉 크리스티안 하위헌스가 말했던 '원심력'은 태양이 안쪽으로 끌어당기는 힘, 즉 뉴턴이 말했던 '구심력'과 완전하게 평형을 이루고 있다. 끈에다 돌멩이를 묶어 머리 위에서 빙글빙글 돌려 보는 것을 상상하면 쉽게 이해가 될 것이다. 끈에 묶인 돌멩이는 행성이며, 끈을 잡고 있는 손은 태양이다. 그리고 끈은 돌멩이가 하늘로 멀리 날아가지 못하게 만드는 힘과 같은 역할을 한다.

그렇다면 끈은 무엇일까? 당연히 태양과 행성이 눈에 보이지 않는 끈에 묶여 있는 것은 아니다. 뉴턴은 제3법칙에서 독특한 방식으로 그 이유에 대해 설명하고 있다.

"모든 작용에는 똑같이 반대로 작용하는 현상이 항상 나타난다. 두 물체가 상호간에 미치는 작용은 항상 같으며, 서로가 똑같이 상쇄되는 방향으로 작용한다."

따라서 한 물체가 다른 물체에 일정한 거리를 두고 작용한다면, 두 번째의 물체 또한 첫 번째의 물체에 동일하면서 반대 방향의 힘을 미친다. 달이 지구를 잡아당기는 것과 똑같은 힘으로 지구는 달을 잡아당기고 있다. 이것은 지구와 사과 사이에서도 마찬가지다. 단지 이 경우에는 지구의 힘이 사과보다 훨씬 크기 때문에 지구는 전혀 영향을 받지 않는 것처럼 보일 뿐이다.

이러한 운동의 세 가지 법칙을 통해 뉴턴은 지금의 동역학이라고 불리는 근대 물리학의 한 분야를 설립했다.

[50]

S E C T. III.

De motu Corporum in Conicis Sectionibus excentricis.

Prop. XI. Prob. VI.

*Revolvatur corpus in Ellipsi: Requiritur lex vis centripetæ tenden-
tis ad umbilicum Ellipseos.*

Esto Ellipseos superioris umbilicus S. Agatur SP secans Ellip-
seos tum diametrum DK in E, tum ordinatim applicatam Qv
in x, & compleatur parallelogrammum $QxPR$. Patet EP æ-
qualem esse semi-
axi majori AC, eo
quod acta ab altero
Ellipseos umbilico
H linea HI ipsi EC
parallela, (ob æ-
quales CS, CH)
æquentur ES, EI, a-
deo ut EP semisum-
ma sit ipsarum PS,
PI, id est (ob pa-
rallelas HI, PR &
angulos æquales IP
R, HPZ) ipso-
rum PS, PH, quæ

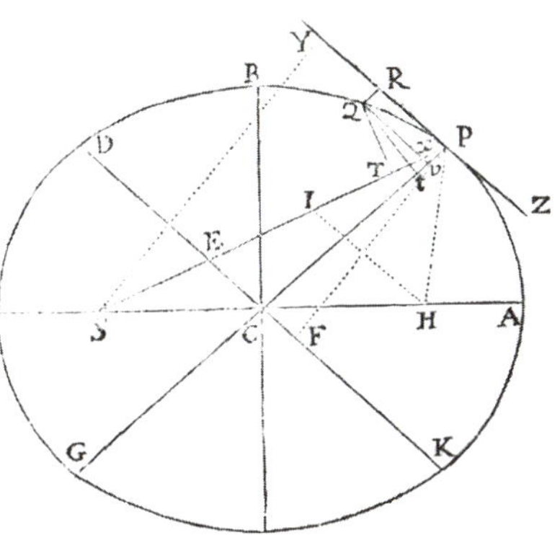

conjunctim axem totum $2AC$ adæquant. Ad SP demittatur
perpendicularis QT, & Ellipseos latere recto principali (seu
$\frac{2BC \ quad.}{AC}$) dicto L, erit $L \times QR$ ad $L \times Pv$ ut QR ad Pv;
id est ut PE (seu AC) ad PC: & $L \times Pv$ ad GvP ut L ad Gv;

&

《프린키피아》는 라틴어로 씌었으며, 복잡한 도식으로 가득 차 있다. 또 이 책은 뉴턴이 살
았던 시대의 독자에게뿐만 아니라 오늘날의 독자에게도 여전히 어려운 과제다.

8

마음에 찾아온 병

1689년 뉴턴 46세 때의 초상화
당시 초상화가로 유명했던 고드프리 넬러 경이 그렸다.

세상의 누구도 이해할 수 없었을지도 모를 운명을 타고났던 책이 마침내 1687년에 출판되었다.

사재를 털어서 책을 출판했던 핼리는 가죽으로 장정을 했다. 책값은 9실링으로 정했는데, 세련된 책표지 속에 들어 있는 값진 내용에 비한다면 결코 비싼 가격은 아니었다. 그래도 만족할 수 없었던 핼리는 이 책의 두 번째 판은 좀 더 싸게 보급판으로 만들자고 했다. 그는 이제까지는 볼 수 없었던 귀한 논문을 더 많은 사람이 읽게 하고 싶었다.

신에게 가까이 갔던 사람

핼리는 진심으로 이 책의 저자에게 존경의 마음을 표시하고 싶었다. 그는 〈뉴턴에게 바치는 노래〉라는 시를 지어 《프린키피아》의 시작 부분에 넣었다. 노래의 마지막 부분은 이렇다.

"그는 어떤 사람도 따라갈 수 없을 만큼 신에게 가까이 갔다네."

핼리의 감동은 곧 다른 사람에게도 전해졌다. 스코틀랜드의 유명한 수학 교수인 데이비드 그레고리는 뉴턴에게 편지를 보냈다.

"이 시대와 앞으로 다가올 시대에 최고의 기하학자들과 자연철학자들이 존경할 만한 일을 당신은 정정당당하게 이루어 냈습니다."

책을 보고 깜짝 놀란 프랑스의 수학자 로피탈 후작은 영국인 친구 존 아버스닛에게 이렇게 물었다고 한다.

"뉴턴이라는 사람도 먹고 잡니까? 혹시 그 사람은 다른 사람과 다르게 생기지 않았습니까?"

수학을 가르쳤던 아브라암 드 무아브르라는 젊은이는 《프린키피아》의 내용을 완전하게 이해하기 위해 책을 찢어 주머니 속에 넣고 다니면서 언제나 읽고 다녔다고 한다. 이 젊은이는 나중에 뉴턴의 제자가 되었다.

뉴턴이 많은 사람들과 알고 지낸 것은 아니었지만 뉴턴의 옛 친구들도 그에게 박수를 보냈다. 링컨셔의 주민이었으며 트리니티 칼리지의 학자였던 험프리 배빙턴 박사는 지긋한 나이였음에도 그에게 최고의 칭찬을 아끼지 않았다. 배빙턴은 몇 주일 간을 이 과학 걸작과 씨름한 끝에 "《프린키피아》의 일부를 이해하려면 학자라도 적어도 7년은 연구해야 할 것"이라는 말을 남겼다.

뉴턴, 하원 의원이 되다

어렵게 명예를 얻었지만 그는 여전히 혼자서 조용히 지냈다. 사람들과의 편지 왕래도 점점 줄어들었다. 연구실에 박혀 있다가 어쩌다가 런던이나 울스소프를 방문하는 것이 고작이었다.

그가 오랫동안 고향을 떠나 있어 장원에 있던 집이며 담

영국의 국회의사당

1689년 뉴턴은 케임브리지대학교의 대표 자격으로 의회 의원에 선출된다. 이를 계기로 그는 런던을 방문하였다. 의회에서 활동하는 동안 그는 단 한 번도 발언을 하지 않는 기록을 세우는데, 경비원에게 창문 좀 닫아 달라고 부탁한 것이 전부였다고 한다.

장들은 무너진 채로 버려져 있었다. 3년 간의 소작 기간도 끝났다. 그렇지만 땅 주인은 이제 그런 사소한 문제와는 상관없이 경제적으로 안정되었다.

1689년 1월 모든 일이 갑자기 변했다. 조약 의회에 보낼 두 명의 대표자를 뽑기 위해 케임브리지대학교의 위원회가 소집되었다. 가톨릭을 잉글랜드의 국교로 회복하고자 했던 제임스 2세는 명예혁명이 일어나 프랑스로 도망가야 했다.

뉴턴은 가톨릭에 반대하는 입장이었고, 지성을 대표하는 인물로 존경받고 있었기 때문에 새 의회에 자리를 얻었다.

초상화에 나타난 천재 과학자의 모습

일주일 후 그는 런던에 도착했다. 날이 밝으면 뉴턴은 하원 의원으로 활동한다. 그는 그 순간이 역사적으로 중요한 시점이라는 것을 간파했다. 그래서 뉴턴은 당시의 유명한 화가였던 고드프리 넬러를 시켜 자신의 초상화를 그리게 했다.

마흔여덟 살의 이 초상화 주인공은 정신이 활짝 꽃피는 전성기를 맞았고 국제적인 명성을 얻는 문턱에 서 있었다.

그의 은발은 탐스럽게 찰랑거렸다. 그의 눈은 사물을 꿰뚫어 보는 듯했고, 각진 턱은 강한 의지를 보여 주었다. 가운 아래로 보이는 뉴턴의 오른 손가락은 과학자의 손이 아니라 음악가의 손처럼 보였다. 그는 이 손으로 필요한 것들을 만들어 냈다. 넬러는 모든 것을 초월한 듯한 확신에 차 있는 뉴턴을 그려 냈다. 핼리의 말대로, 인간으로서는 진정으로 신에게 가까이 다가갔던 천재의 모습이었다.

입헌군주제의 틀이 만들어지다

뉴턴은 잉글랜드 왕권의 무효를 선언하는 데 찬성했다. 그리고 며칠 있다가 네덜란드의 빌럼 3세 판 오라녜 공이 잉글랜드의 윌리엄 3세로 왕위에 올랐다. 윌리엄의 부인이었던 메리는 프랑스로 망명한 제임스 2세의 딸로 프로테스탄트 교도였다. 왕과 왕비가 사람들의 환영을 받으며 런던의 거리를 행진할 때 뉴턴은 동료 의원들과 함께 그 뒤를 따랐다.

몇 주일 간의 진통 끝에 의회는 헌법에 기초하는 군주제의 틀을 만들었다. 이제 왕권은 법에 의해 제한을 받았다. 가톨릭 교도와 삼위일체설에 반대했던(뉴턴은 현명하게도 이 문제에 대해서는 입을 다물고 지냈다) 사람들을 제외하고는 모든 기독교인들에게 종교의 자유가 주어졌다. 가장 중요한 것은, 의회가 권리선언을 채택한 것이다. 나중에 이것을 모델로 미국연방 수정헌법조항 1조부터 10조가 만들어진다.

권리선언에 따르면 국민은 정부에 불편 사항의 시정을 요구할 수 있었고, 과도한 벌금과 보석금을 내지 않아도 되었으며, 잔혹한 형벌이 금지되었고, 의회의 동의 없이는 함부로 세금을 올릴 수도 없었다. 왕은 신의 선택을 받은 사람이며 따라서 신과 같은 권한이 있다는 낡아 빠진 생각은 이제 산산이 부서졌다.

의회 활동을 통해 사귄 새 친구들

개인적으로는 물체의 운동을 하나의 보편적인 법칙으로 풀어놓은 다음에, 뉴턴은 의원으로서 잉글랜드 의회의 역사상 가장 중요했던 시절에 활동하게 된다. 정부의 각 기관은 행성들처럼 처음으로 균형을 잡아나갔다.

회의록을 보면 심의가 있을 때 그가 손을 들어 정견을 발표했던 적은 단 한 번도 없었던 것 같다. 그는 딱 한 번 이야기했는데, 경비원에게 찬바람이 들어오니 창문 좀 닫아 달라고 부탁한 것이 전부였다.

그러나 런던에서 활동하면서 뉴턴에게도 변화가 생겼다. 그는 동료 자연철학자들과 영국 왕립학회에서 주로 시간을

존 로크 1632~1704

17세기에 활동했던 영국의 철학자로서 자연과학에 관심이 많았다. 처음 경험론 철학을 주장했으며, 명예혁명 당시 의회파로서 왕당파에 맞서 싸웠다. 그의 정치 사상은 프랑스 혁명이나 아메리카 독립 등에 큰 영향을 주어 서유럽 민주주의의 토대가 되었다. 특히 로크는 뉴턴이 정부에서 일할 수 있도록 애썼다. 로크의 노력이 실패하기는 했지만 둘의 우정은 변치 않았다.

보냈다. 이때 그의 인생에 많은 영향을 끼칠 친구들을 사귀게 된다.

뉴턴은 존 로크와 친구가 되었다. 정치철학자였던 존 로크는 헌법에 기초한 정부를 옹호하는 글을 써서 사람들에게 자유의 승리자로서 존경받았다. 핼리팩스 백작으로 더 많이 알려진 의회 지도자 찰스 몬태규도 이때 사귀었다. 또한 뉴턴은 네덜란드의 천문학자 크리스티안 하위헌스를 방문하는데, 하위헌스는 1673년 자신의 빛 이론을 뉴턴이 심하게 비판했던 일에 대해 아무런 감정을 갖고 있지 않았다.

사실 뉴턴과 하위헌스는 뉴턴의 이론을 더 발전시킬 수 있는 계획을 함께 세우기도 했다. 케임브리지대학교 킹스 칼리지의 학장이 죽자, 뉴턴의 친구들은 뉴턴이 그 자리를 대신해 주기를 바랐다.

그는 자신의 일을 상의하기 위해 하위헌스와 함께 새 왕을 만났다. 왕실에서는 그의 뜻을 받아들였다. 뉴턴이 학장이 되면 그는 다시는 빈 강의실에서 강의하는 일을 겪지 않아도 되었다.

하지만 킹스 칼리지의 학장이 되려면 신의 부름을 받았거나 그 학교의 특별 연구원이어야 했다. 뉴턴은 두 조건 중에 어느 것에도 해당되지 않았다. 그래서 그 자리를 놓치고 말았다. 1690년 실망을 안고 그는 다시 트리니티 칼리지로 돌아왔다. 그러나 이제는 고위층 사람들과도 줄이 닿아 있었고 조용한 학원 너머에 있는 세계를 알게 되었다.

아무런 성과 없이 끝난 뉴턴의 승진 운동

몇 달 있다가 뉴턴과 로크는 활발히 편지를 주고받는 사이가 되었다. 둘 사이의 편지 왕래는 1704년 로크가 죽을 때까지 계속되었다. 그 편지들을 보면 뉴턴이 트리티니 칼리지를 떠나 다른 곳으로 가고 싶어 했던 것을 알 수 있다.

그는 새로운 정부와 새 왕의 막강한 후원자였던 몬머스 공작 이야기를 꺼내면서 로크에게 그러한 의사를 비쳤다. 로크는 몬머스 공작의 조수를 찾아가 뉴턴이 공적인 자리로 승진할 수 있는지 타진해 보았다. 운이 따라 주지 않았는지 때마침 런던의 정치권에 심상치 않은 바람이 불어 적어도 한동안은 그에게 별다른 일이 생길 것 같지 않았다.

두 번째로 로크는 친한 친구였던 프랜시스 경과 마샴 부인을 찾아갔다. 뉴턴과 로크는 에식스에 있는 마샴의 영지를 방문했다. 하지만 이번 일 또한 아무런 성과가 없었다. 뉴턴은 쓸쓸한 기분으로 기다릴 수밖에 없었다.

특별한 친구, 파티오 드 듀일리에

뉴턴과 로크가 에식스에서 만났을 때, 니콜라스 파티오 드 듀일리에라는 스위스인 수학자와 함께하게 되었다. 뉴턴은 파티오를 런던에서 다시 만났고, 둘의 우정은 성년이 된 뉴턴의 일생에 가장 큰 영향을 끼쳤다. 파티오는 곧《프린키피아》의 저자에게 빠져들었다. 핼리가 뉴턴을 신에게 비유했다면 파티오는 그를 신이라고 믿었다.

외모만을 본다면, 파티오는 결코 잘생긴 남자가 아니었다. 커다란 매부리코에 경사진 높은 이마, 작은 입과 뾰족한 턱, 어느 것도 좋은 인상을 주지 못했다. 오직 그의 눈만이 사람을 사로잡는 매력을 뿜어냈다. 그의 눈빛은 아주 날카롭고 이지적이었다.

파티오는 제네바에 있는 늙은 철학 선생님에게 편지를 보냈다. 편지에는 뉴턴이 지금까지 살았던 그 누구보다도 훌륭한 수학자이며, 나무랄 데 없는 신사라는 내용이 담겨 있었다. 그는 잉글랜드 시민이 되어 이 자연철학자와 함께 살며 '순수한 진리'를 배우고 싶다고 했다.

니콜라스 파티오 드 듀일리에의 초상
스위스 출신의 이 젊은 수학자는 뉴턴과 깊은 관계를 맺으나 결국 헤어지고 만다.

만일 파티오에게 돈만 있었더라면, 그는 친구를 위해서 기념비라도 세웠을 것이다. 그렇게 해서 미래의 세대들에게 적어도 한 사람만은 뉴턴이 발견한 진리의 가치에 대해 알고 있었음을 증명하고 싶었을 것이다.

금이 간 우정

이후로 뉴턴과 파티오는 몇 년 동안 좋은 관계를 더 유지했다. 뉴턴은 런던에 갈 때면 항상 수학 논문이나 종교 논문을 들고 사륜마차를 타고 갔다. 런던의 여관에서 기다리는 파티오를 만나러 가는 길이었다. 뉴턴은 이 젊은 친구에게 자신의 가장 사적인 생각들을 밝힌 글까지 보여 주었다. 만일 그런 글이 발표되었다면, 뉴턴은 이교도로 몰렸을 것이다.

뉴턴의 신임을 이렇게까지 받은 사람도 드물었다. 로크와 케임브리지의 수학자였던 윌리엄 휘스턴같이 그를 따랐던 젊은 제자들 몇 명만이 그의 은밀한 생각을 들을 수 있었다.

얼마 지나지 않아 파티오는 뉴턴을 마치 소유물처럼 다루기 시작했다. 그는 둘 사이의 우정을 시험한다면서 꾀병을 부리며 뉴턴에게 각별한 호의를 베풀어 달라고 요구했다. 괴팍했던 뉴턴이었지만 그의 모든 요구를 흔쾌히 응해 주었다.

하지만 거기에서 그치지 않았다. 파티오는 뉴턴의 천재성을 자신의 정신 능력과 혼돈하기 시작했다. 나중에 그는 중력이 발생하는 원인을 자신이 발견했고 뉴턴이 그것을 확인했을 뿐이라는 주장까지 하게 된다. 당연히 그런 주장은 말도 안 되는 억지였다. 그리고 그 일 때문에 둘 사이의 우정은 영원히 금이 가고 말았다.

실패한 연금술 실험

마음에 깊은 상처를 입은 뉴턴은 마지막으로 연금술에 매달렸다. 연금술에 빠져들어 슬픔을 잊어 보려 한 것이다. 1693년 봄과 여름에, 그는 다섯 개의 장으로 된 금속의 합금에 대한 원고를 완성했다. 아주 잠깐 동안 수천 년의 비밀이 그에게 드러나는 듯했다.

그는 불로 가열해 부풀어 오른 특수한 수은이 금과 섞일 때 어떠한 변화가 일어나는지 지켜보았다. 그러나 뭔가가 잘못되었다. 수은에 변화가 일어나 금이 되었다면 금의 양이 증가해야 했다. 하지만 그런 일은 일어나지 않았다. 뉴턴은 원래 계획했던 논문에서 몇 페이지를 없애 버리고 다시 한 번 도전했다. 하지만 또 실패했다. 마지막으로 몇 달을 더 도전하다가 그는 그 일에서 영영 손을 떼고 만다.

친구들에게 보낸 악의에 찬 편지

1693년 9월, 핼리가 《프린키피아》의 출판 일 때문에 정신

없이 시간을 보내고 있을 때 영국 왕립학회 회장으로 있던 새뮤얼 피프스는 편지 한 장을 받는다. 뉴턴이 보낸 편지의 내용은 다음과 같았다.

"이상한 싸움에 말려들어 고통을 겪고 있습니다. 최근 일 년 동안은 먹을 수도 잠을 잘 수도 없었습니다. 예전 같은 마음의 안정을 찾을 수 없습니다. 당신이나 제임스 왕이 관심을 가질 만한 걸 생각할 수가 없군요. 지금은 당신과 멀리 떨어져 지내고 싶습니다. 당신이나 왕립학회의 친구들도 더 이상 만나지 않을 겁니다."

피프스는 큰 충격을 받았다. 그는 뉴턴이 왜 이런 내용의 편지를 보냈는지 이해할 수 없었다. 제임스 2세는 여러 해 동안 추방당해 있었고, 피프스도 윌리엄 3세가 왕으로 있는 동안에는 아무런 영향력을 발휘할 수 없었기 때문이다.

사흘 후 존 로크는 더 이상하고 악의에 찬 편지를 받는다. 뉴턴은 그에게 "여자를 이용해 나를 괴롭히려 했다"라고 원망을 늘어놓았다. 로크가 아프다는 연락을 받았을 때는 "차라리 당신이 죽어 버렸으면 좋겠다"라는 답장을 보냈다. 또한 그는 로크를 '무신론자'라고 하면서 죄를 물었다. 피프스에게 했던 것과 마찬가지로, 자신의 승진이 좌절당하자 아무 생각 없이 행동했던 것이다. 뉴턴은 편지 끝에 이렇게 서명했다.

"당신의 가장 비천하고 재수 없는 하인이."

이런 일이 있었지만 한 가지 다행스러운 것은, 나중에 뉴턴이 친구들에게 용서를 빌었다는 사실이다. 뉴턴 걱정을 많이 했던 로크는 곧바로 답장을 보냈다. 그는 "자네가 용서를 빈다고 말하기 전에 나는 벌써 자네를 용서했다네"라고 썼다.

다시 안정을 되찾은 뉴턴은 두 번째 편지에서 자신의 행동을 변명하는 내용을 실어 보냈다. 그는 편지에 작년 겨울에 불가에서 잠을 자는 '나쁜 버릇'이 생겼다고 썼다. 그래서 건강이 나빠졌고 "올 여름에 유행했던 병에 걸리게 되었는데 이 때문에 더욱더 안정을 찾을 수 없었다"라고 했다. 처음으로 그는 로크에게 자신이 "2주일 동안이나 한 시간도 제대로 잠을 이룰 수 없었고, 닷새 동안은 한숨도 못 잤다"라고 고백했다.

피프스와 로크는 뉴턴이 나이 때문에 건강에 문제가 생겼다고 생각했다. 그들은 두 사람의 친구였던 존 밀링턴에게 뉴턴이 무사한지 살펴봐 달라고 했다. 당시 존 밀링턴은 케임브리지대학교 모들린 칼리지의 특별연구원이었다. 밀링턴은 기쁜 마음으로 뉴턴을 만났고, 그가 약간 침울하기는 했지만 큰 문제는 없어 보였다는 소식을 전했다. 밀링턴이 방문했을 때, 뉴턴은 자신이 피프스에게 "아주 이상한 편지"를 보냈는데, 다시 생각하니 "너무나 창피했다"라고 실토했다. 로크에게 보낸 편지에 쓴 것처럼, 오랫동안 잠을 못

잔 데다 병까지 얻어 잠깐 동안 이상한 행동을 한 것을 뉴턴
은 후회하고 있었다.

뉴턴의 이상한 행동에 대한 추측들

대부분의 학자들은 뉴턴의 말을 그대로 믿지 않는다. 그리
고 이렇게 침울하게 보냈던 시간에 대해 많은 설들이 난무했
다. 사실 뉴턴은 수십 년 전에도 이와 비슷한 일을 겪은 적이
있었다. 그런데 이번에는 그 정도가 더 심했다. 학창 시절에도
뉴턴은 밤을 꼬박 새우며 혜성을 관찰하다 수면 부족으로 병
을 얻은 적이 있었다.

하지만 이번은 단순히 수면 부족에 따른 침체기였다
고 말할 수 없는 점이 많다. 뉴턴이 이상한 행동을 한 것
은 그가 심혈을 기울여 연구했던 자료가 불탔기 때문이라
는 이야기도 있다. 뉴턴에게는 '다이아몬드'라는 애완견이
있었는데, 이 애완견이 촛불을 쓰러뜨리는 바람에 논문이
불에 탔다는 것이다. 그때 뉴턴은 "다이아몬드! 다이아몬
드! 이 조그만 것아, 네가 무슨 짓을 했는지 알겠느냐!"
하고 소리질렀다고 했다.

하지만 뉴턴은 케임브리지에 있는 동안 한 번도 개나 고
양이를 키운 적이 없다. 그리고 만약에 그렇게 심각한 화재
사고가 있었다면, 그 소식이 퍼지지 않을 수 없었을 것이다.

뉴턴의 이상한 행동은 수은 중독 때문?

이에 반해 많은 논란이 있긴 했지만, 중금속 중독설은 한층 더 설득력 있는 추측이다. 납과 수은은 뉴턴이 실험실에서 가장 많이 썼던 금속이다. 이 금속들이 문제를 일으켰다는 것이다. 《이상한 나라의 앨리스》라는 동화에서 매드 해터 즉 미친 모자 장수가 항상 안절부절못했던 것이 수은 중독 때문이었던 것처럼 수은 중독은 심한 경련을 일으킨다.

납과 수은에 노출되면 많은 부작용이 뒤따른다. 이빨이 빠지고 손톱과 발톱이 꺼멓게 되며 체중이 줄고 피부색이 노랗게 변하며 나른해지고 일찍 늙는다. 그러나 뉴턴에게서는 이런 징후들이 하나도 나타나지 않았다. 이 시기의 그의 필체는 여느 때처럼 안정이 되어 있으며, 그는 여든네 살까지 살았다. 그렇게 오래 살면서도 그는 영구치 한 개만을 잃었을 뿐이다. 그는 단것을 좋아했고, 나이를 먹으면서 체중도 늘었다.

하지만 무엇보다 중요한 사실은 중금속은 일단 체내에 들어오면 평생 사람 몸 속에 남는나는 것이다. 뉴턴은 분명 다른 사람들보다 몸에 중금속을 많이 지녔을 것이다. 물론 병증이 나타날 정도로 그것을 이기지 못했던 것은 아닐 것이다. 만약 그랬다면 그는 말년을 병에 시달리며 살았을 것이다. 그리고 시간이 흘러갈수록 그

《이상한 나라의 앨리스》
루이스 캐럴이 지은 동화로서 앨리스라는 소녀가 토끼굴에 떨어져 이상한 나라를 여행하면서 겪는 신기한 일들이 읽어져 있다.
이 동화를 쓴 루이스 캐럴은 영국 옥스퍼드대학교의 수학 교수를 지낸 수학자이며 논리학자였는데, 한쪽 귀가 들리지 않고 사람들과 어울리기를 싫어한 괴팍한 사람이었지만 아이들을 무척 좋아했다고 한다.

의 정신 능력도 떨어졌을 것이다.

학문적 좌절과 정신적 상처

뉴턴이 아팠던 것은 육체적인 문제와 함께 정신적인 여러 문제가 겹쳐서 그랬을 것이다. 험프리 뉴턴이 기록했듯이, 뉴턴은 연금술 실험을 할 때는 잠을 자는 일이 거의 없었다.

1693년, 뉴턴은 다른 어떤 때보다도 열성적으로 연금술 실험에 몰두했다. 그리고 처음에는 성공을 거두는 듯하다가 결과적으로 아무것도 얻은 것이 없이 좌절감만 깊어졌다. 이미 자연의 위대한 비밀을 밝혀낸 사람에게 이러한 결과는 고통스러웠을 것이다. 뿐만 아니라 자신의 능력이 한계에 부딪혔다는 생각에 두려웠을 것이다.

로크에게 편지로 알린 것처럼 뉴턴은 한 일 년 동안 병을 완전히 떨쳐 버리지 못한 채 생활했다. 같은 시기에 친구 파티오도 아팠다고 한다. 이것이 우연의 일치는 아니었던 것 같다. 그리고 뉴턴은 이 젊은 친구와 절교하고 남은 여생을 그를 만나지 않고 지냈다.

그가 피프스와 로크에게 이상한 편지들을 보냈을 무렵이 바로 그 둘이 절교했을 때다. 따라서 뉴턴이 정신 이상을 일으키지 않았다는 것은 분명하다. 그러나 그의 의지가 예전처럼 단단하지는 않았다. 이제는 사랑하는 케임브리지를, 그것도 되도록이면 빨리 떠나기를 간절히 바랐다.

9

위풍당당한 과학계의 사자

조폐국이 있었던 런던탑의 모습

1696년 뉴턴은 조폐국 부국장으로 임명된다. 그리고 3년 뒤에 그는 조폐국 국장으로 승진한다.

1695년 9월 뉴턴은 아무런 말도 남기지 않은 채 케임브리지에서 홀연히 사라졌다. 뉴턴은 그로부터 2주일 후에 돌아왔다. 하지만 누구에게도 어디에 갔다 왔는지 말하지 않았다.

그가 몰래 런던에 갔다는 소문이 나돌기 시작했다. 일전에 존 로크가 친구 뉴턴을 위해서 정부에서 일할 수 있게 애를 써 주었지만 성과 없이 끝난 일이 있는데, 이번에는 정부에서 관직을 얻었다는 소문이었다.

조폐국 부국장에 임명된 뉴턴

11월이 되자 이러한 소문은 훨씬 더 구체적으로 살이 붙었다. 수학자였던 존 월리스는 에드먼드 핼리에게 편지를 보냈다.

"이곳에는 뉴턴이 조폐국 국장이 될 것이라는 소문이 돌고 있습니다. 만약에 사실이라면 축하해야 하겠군요."

뉴턴과 계속 긴밀한 관계를 유지하고 있던 핼리는 뒤에서 그 일이 진행되고 있음을 알고 있었다. 왕의 측근으로 정치적 영향력이 컸던 찰스 몬태규가 뉴턴을 확실하게 지지했다. 사실 뉴턴은 조폐국 국장이 아니라 서열상으로 두 번째인 부국장으로 물망에 올라 있었다. 1696년 몬태규는 뉴턴을 다시 런던으로 불렀다. 모든 일이 잘 된다면 뉴턴은 부국장 자리를 얻게 되고, 일 년에 500~600파운드나 되는 꽤 많은 월급도 받을 수 있었다.

뉴턴은 답장 쓸 겨를도 없이 마차를 잡아 타고 런던으로 향했다. 그리고 그렇게도 오래 기다렸던 윌리엄 3세를 알현했다.

남아 있는 기록이 없기 때문에 그때 왕과 뉴턴 사이에 어떤 이야기가 오고 갔는지는 알 수 없다. 어쨌든 이틀 후에 그가 조폐국 부국장이 됐음을 알리는 임명장이 전달되었다. 그는 곧바로 케임브리지로 달려가 짐을 꾸렸다. 수많은 편지와 수학과 광학, 연금술그리고 종교에 관한 연구서를 비롯해 수천 쪽이 넘는 글을 쓰고 수많은 실험을 했던, 35년간의 땀이 밴 그 곳 생활을 정리했다.

그는 서둘렀다. 가구들이며 연금술 실험 기구들이며 대부분의 물건들을 그대로 두고 떠났다. 이런 것들은 다시 시작하는 뉴턴의 삶에서 별로 중요한 것이 아니었다.

다시 찾은 대도시 런던의 변화

1666년에 있었던 대화재 때문에 고색 창연했던 런던은 이제 사라지고 없었다. 대신 잿더미 위로 7만 5,000여 명의 사람들이 북적거리는 도시가 들어섰다.

런던은 유럽 대륙의 주요 도시들을 제치고 파리 다음 가는 대도시가 되었다. 타워힐에서 시작하여 웨스트민스터 의사당까지 쭉 뻗은 도시는 런던 브리지에 연결된 대로와 나란히 커나갔다. 당시 런던 브리지는 걸어서 템스강을 건널 수 있는 유일한 다리였다. 북해로 흘러 들어가는 템스강은 밀물과 썰물에 따라서 높이가 달라졌다.

템스강은 언제나 배들로 넘쳐 났다. 작은 배를 이용하면 도로를 이용하는 것보다 훨씬 빠르고 안전하게 물건을 나를 수 있기 때문이었다. 그러나 늦가을부터 겨울까지는 뿌연 안개가 더러운 강물에서 뭉게뭉게 피어 올랐다. 집집마다 굴뚝에서 뿜어 나오는 연기들이 떠 있다가 안개와 합쳐지면, 거리거리마다 갈색 독구름 같은 것이 가득 찼다. 그럴 때는 집 밖으로 나돌아다닐 수가 없을 정도였다.

런던의 거의 모든 일은 이 도시의 동쪽 변두리에 살았던 하층민들이 도맡아서 해치웠다. 그곳에서는 물장수며, 운송 노동자, 부두 노동자, 일당 노동자들이 한데 모여 살았다. 그곳은 중앙의 통제를 거의 받지 않았다. 이들 위로 자기 상점을 갖고 있거나 기술이 있는 중산층이 있었다. 그리고 맨 꼭대기에는 돈 많은 상인, 은행가, 정부 관료들이 있었다. 이들의 화려한 저택 바로 옆에 지저분한 오두막들이 다닥다닥 붙어 있는 것이 런던의 모습이었다.

런던이라는 이름은 론디니움에서 유래했다. 론디니움은 로마인들이 영국을 점령하고 처음으로 세운 요새 이름이었다. 로마의 먼 변방의 요새에서 출발한 도시의 오래된 성벽 너머로, 가난하고 집 없는 사람들과 죄인 그리고 희망 없이 살아가는 남자와 여자들이 살고 있었다. 이들은 사회의 최하층을 이루었다.

자유 지역의 조폐국 부국장

뉴턴은 바로 이런 사람들과 일 때문에 정기적으로 만났다. 런던 인구의 많은 부분을 차지했던 이들은 불결한 판잣집에서 지냈다. 거리는 어둡고 위험했으며 유리도 없는 창문에서 던진 오물과 쓰레기들이 수북하게 쌓여 있었다.

이곳은 소위 '자유 지역'이라고 하여 아무 거리낌 없이 폭력이 난무했다. 그래서 시장의 권한도 경찰도 소용없었다. 태형쯤은 가볍게 어겼으며, '교수형의 날'에는 이곳 사람들 대부분이 서로 밀리면서 교수형 장면을 열광적으로 구경했다. 그래도 범죄가 줄어 들지 않았다.

사형 선고를 받은 죄수는 뉴게이트 감옥에서 나와 조롱을 퍼붓는 군중들 사이를 지나 타이번까지 가야 했다. 타이번은 하이드 파크에 마련되어 있던 집행장이었다. 교수대 주위에는 나무로 만든 관람석이 있었다. 부자들은 많은 돈을 주고 이 관람석의 자리를 사서 구경했다. 나머지 사람들은 더 가까이에서 구경하려고 서로 밀치며 난리통을 만들었다.

반역죄와 같은 중죄인은 당시 악명 높던 사형 집행인 존 '잭' 케치에게 목이 잘려 나갔다. 화폐 위조 범인 또한 단두대에서 사형당했다. 그리고 왕실의 동전을 위조한 범인의 범행을 입증하는 증거물들을 찾아내는 것이 조폐국 부국장의 일이었다.

조폐국은 잉글랜드의 살아 있는 역사며 아무도 함부로 들어가지 못했던 런던탑에 있었다. 석회암을 쌓아서 만든 이 거대한 요새는 템스강의 북쪽 제방과 닿아 있는 언덕 꼭대기에 있었다. 탑의 가파른 벽 둘레에는 수로를 파서 외부의 침입을 막았다.

일단 바깥쪽의 방어선을 넘으면, 두 번째 방어벽이 나타나는데 훨씬 더 높이 솟아 있다. 두 번째 방어벽 안쪽으로는 병사의 숙소와 화약과 무기를 보관하는 창고와 중세기부터 있었던 건물들이 있다.

안쪽 중앙에는 화이트 타워라고 불리던 지하 감옥이 있다. 화이트 타워는 1066년 잉글랜드를 정복했던 정복왕 윌리엄 시대에 지은 건물이다. 한때는 플랜태저넷 가문의 왕들이 이곳을 궁정으로 사용하기도 했는데, 이들은 거대한 성벽 안에서 태어나고 자라고 죽었다.

오랜 역사 동안 런던탑은 잉글랜드의 유명한 인물들이 수감되었던 곳이다. 헨리 8세의 딸이었던 엘리자베스 1세 여왕도 공주였을 때 이 탑에 갇힌 적이 있었다. 그 공주는 자유를 다시 찾을 때까지 돌탑의 차가운 벽을 보면서 눈물의 시절을 보내야 했다. 앤 불린, 캐서린 하워드, 토머스 크롬웰, 토머스 모어 경은 모두 참혹한

런던탑

정복왕 윌리엄 1세 때 처음 지어졌고 17세기까지 왕궁으로 사용되었다. 하지만 이 성이 유명해진 것은 신분이 높은 사람들의 감옥으로 쓰였기 때문이다. 런던탑의 중심 부분은 화이트 타워로 원래는 흰색이었다.

구금 생활 끝에 타워 그린에서 마지막 숨을 거두었던 사람들이다.

여왕이 되고 난 후에도 엘리자베스 1세는 런던탑을 보면서 자신의 할 일을 생각했다고 한다. 한때는 여왕의 총애를 받았던 에식스 백작은 타워 그린에서 사형 집행인의 도끼에 목숨을 잃었다. 허풍쟁이 탐험가였던 월터 롤리 경은 빼앗은 보물을 여왕에게 바치곤 했는데, 그도 여왕의 명령으로 탑에서 3년이라는 긴 세월을 갇혀 지냈다.

새로운 화폐를 찍기 위해 분주했던 조폐국

조폐국에서 일하기 위해서는, 뉴턴도 예외 없이 비밀 엄수를 선언해야 했다. 새로운 화폐가 어떻게 만들어지는지에 대해 비밀을 지키겠다는 선언이었다. 그것은 위조 화폐를 근절시키기 위한 조치이기도 했다. 1695년 경에는 위조 화폐가 너무 많이 나돌았기 때문에 잉글랜드에서 유통되는 모든 화폐(동전)는 새로 주조한 것으로 바뀌었다.

이 역사적인 사업을 성공적으로 치르기 위해서 조폐국 직원은 교대로 밤낮으로 일했다. 그리고 다른 곳에 제2의 조폐국을 새로 열기까지 했다.

새로운 부국장의 주도면밀한 감독하에 수많은 금화와 은

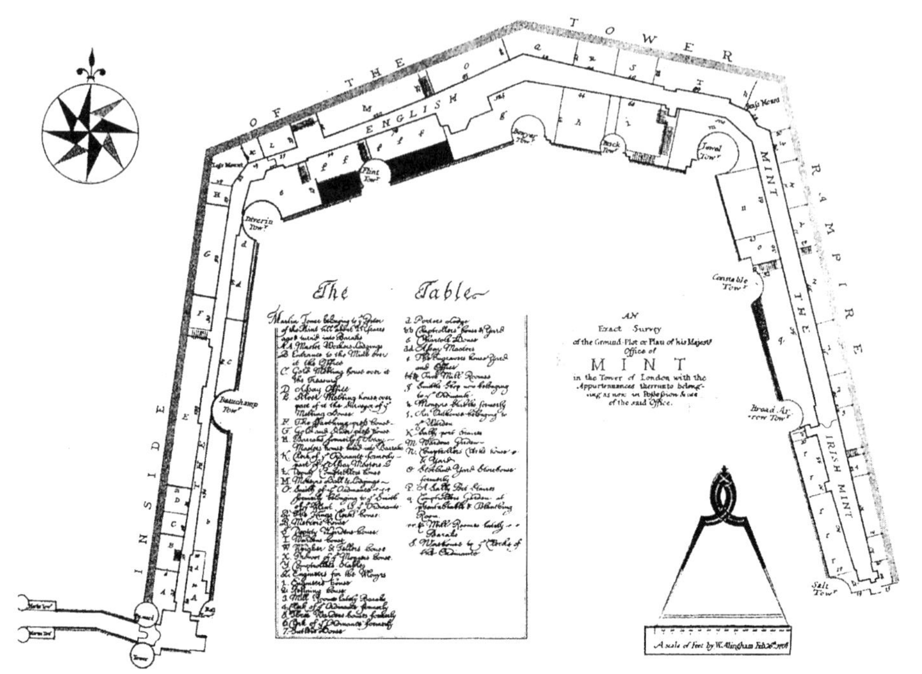

1701년 뉴턴에게 제출된 조폐국의 지도

화가 쿵쿵거리는 동전 기계에서 쏟아져 나오기 시작했다. 뉴턴의 상관이었던 토머스 닐이 자주 자리를 비웠기 때문에 얼마 지나지 않아 뉴턴은 모든 일에서 조폐국 국장의 역할까지 다 해냈다.

타고난 사기꾼, 샬로너

그러나 뉴턴은 성공을 축하하고 앉아 있을 수만은 없었다. 그에게는 자신의 천재적인 재주를 악용했던 윌리엄 샬로너라는 사람을 처리하는 문제가 남아 있었다. 윌리엄 샬로너는 타고난 사기꾼에 약삭빠른 위폐범이었다.

처음 그는 런던에 나타났을 때 가짜 시계를 만들어 팔면서 손에 넣을 수 있는 것들을 모두 모아 들였다. 그는 곧 다른 사기꾼과 합세하여 사기 행각을 벌였는데, 그 둘은 점성술사와 의사로 행세했다. 샬로너는 다음으로 어떤 장인에게 뇌물을 주고 나무에 에나멜을 입히는 비결을 알아냈다. 그는 이 기술을 금속에 이용함으로써 위조 동전을 만들어 냈다. 그리고 시장에 나가 진짜 동전 대신 쓰고 다녔다.

한편 뉴턴은 런던에 음성적으로 자라고 있는 범죄의 낌새를 눈치챘다. 뉴턴은 많은 사람들을 만나고 다녔다. 만일 살인자나 도둑, 사기꾼, 강도 등 누구나 마음만 먹었다면 경호가 허술한 뉴턴에게 무슨 짓이라도 할 수 있었을 것이다.

뇌물 때문에 증거가 없어져 버리는 낭패도 겪었다. 도시

동전 제조기

조폐국 부국장에 취임하면서 뉴턴은 비밀 엄수 선언을 한다.
어떻게 새 동전이 만들어지는지 절대로 누설하지 않겠다는 선언이었다.

변두리 마을의 은신처며, 선술집, 캄캄한 다락방에서 비밀 모임이 있는 것도 알았다. 그는 용의자로 지목되는 사람들과 더 많이 만났다. 자기 편 끄나풀을 만들어 놓기도 했으며, 때에 따라서는 변장을 하고 현장에 나가기도 했다. 수사에 협조하지 않겠다고 버티다가 쇠사슬에 묶여 런던탑의 심문실에서 그와 직접 대면한 사람도 있었다.

뉴턴을 즐겁게 했던 범죄자

뉴턴이 처음부터 샬로너의 범죄 행각에 대해 심각하게 생각했던 건 아니었다. 그는 샬로너를 체포하여 죄를 밝혀낼 생각은 없었다. 하여튼 샬로너의 경우는 뉴턴이 조폐국에서 일하면서 알았던 경우와는 다른 특이한 점이 있었다.

그는 보통 범죄자가 아니었다. 그는 부자가 되었고 화려한 마차에 예쁜 아가씨를 태우고 런던 거리를 활보했다. 그러나 그는 돈이라든가 돈으로 사는 가짜 명예 따위에는 관심이 없었다. 그는 게임을 즐겼다.

뉴턴은 샬로너의 행각을 '장난'이라고 불렀다. 그리고 범행 계획이며, 범행 수법, 비상한 솜씨 등을 좋아했다. 그러나 언젠가는 그가 정부의 재원을 전부 고갈시킬 거라는 생각이 들었다.

심각한 범죄를 저질렀다는 확실한 증거를 앞에 두고도 샬로너는 거짓말을 둘러대고 빠져나갔다. 그리고 '뺑' 때문에

살아났다는 말을 떠벌리고 다녔다. 조폐국의 부국장인 뉴턴
과 마주했을 때도 샬로너의 거짓말은 분수처럼 쏟아졌다.

샬로너의 결정적인 실수와 체포

드디어 이 사기꾼은 결정적인 실수를 한다. 감히 의회 위
원회에 출두해서 새 동전의 주조 방식을 개선해 달라고 건
의했던 것이다. 뉴턴은 격노했고 샬로너에게 선전 포고를
했다. 샬로너는 뉴턴을 "늙은 개"라고 조롱했다.

화가 머리끝까지 난 뉴턴은 저 악당을 교수대에 올리겠다
고 하늘에 대고 맹세했다. 그 순간에 뉴턴은 이 영악스런 죄
인을 세상에서 없애기 위해서는 무리를 해서라도 그의 일을
마무리하겠다고 결심했다.

샬로너는 영장도 없이 체포되었다. 그는 쇠사슬에 묶여
뉴케이트 감옥의 축축하고 어두운 감방에 수감되었다. 뉴턴
은 죄인 세 명을 이용하여 샬로너의 환심을 샀다. 그리고 그
에게서 그간의 범죄 행위들에 대한 자백 아닌 자백을 받아
냈다.

3주일 만에 모든 심문이 끝났다. 샬로너는 대역죄로 법정
에 서게 되었고 유죄를 선고받았다.

뉴턴 측에서 내세웠던 증인들의 증언이 채택된 것이 결정
적인 역할을 했다. 하지만 한 가지 의문점은 증인들이 모두
범죄자였다는 사실이다. 샬로너가 항변했지만 아무 소용이

없었다. 그리고 범인의 사형 날짜가 잡혔다.

형장의 이슬로 사라진 위폐범

이제 샬로너의 유일한 희망은 뉴턴의 결정이었다. 집행 날짜가 얼마 남지 않았을 때 샬로너는 눈물 어린 호소의 편지를 보냈다.

"저는 아마 죽게 될 것입니다. 만일 당신의 자비로운 손길이 저를 구해 주지 않는다면, 정의를 외치는 살인자들 중에서도 가장 극악무도한 자가 저를 죽일 것입니다."

며칠 후 샬로너는 들것에 실려 하이드 파크에 있는 교수대까지 3킬로미터가량 되는 길을 지나갔다. 형장에 도착해서도 그는 구경 나온 군중들에게 자신은 거짓과 불의 때문에 살해당하는 거라고 고함을 질렀다. 죽음이 임박했을 때 자신의 결백을 외치는 것이 아니라, 거짓과 불의가 자기를 죽이고 있다고 말했으니 몇 사람 정도는 그의 말에 귀를 기울였을 것이다.

뉴턴은 그 자리에 나오지 않았다. 그러나 샬로너가 늙은 개라고 비유했던 뉴턴은 이런 말을 남겼다.

"죄인들은 개들처럼 항상 토해 낸 것을 잊지 못해 돌아오지."

뉴턴이 죄인들을 쫓고, 일주일에 10만 파운드의 동전을 찍어 내는 기록을 세우는 동안에도 자연철학자로서의 그의 명성은 여전했다.

1697년 1월, 뉴턴은 요한 베르누이라는 스위스 바젤대학교의 유명한 수학 교수한테서 편지 한 통을 받는다. 편지에는 수학 문제 두 개가 들어 있었다. 문제는 아주 어려웠다. 한 문제는 6개월 전에 한 과학 잡지에 이미 발표되었던 것인데 아직 아무도 풀지 못했다.

나머지 한 문제는 독일의 천재적인 철학자이며 수학자였던 고트프리트 빌헬름 폰 라이프니츠가 풀었지만 베르누이는 뉴턴의 천재성을 실험하기 위해서 라이프니츠의 해법을 비밀로 해 두었다.

요한 베르누이 1654~1705
1667년 스위스에서 태어난 수학자 베르누이는 대학에서는 문학과 의학을 공부했다. 그러는 한편 수학에도 흥미를 가져 해석학을 연구하여 수학계에 공헌했다. 1690년부터 파리에 머물면서 '무한소해석'과 '적분법'에 대해 강의를 했으며, 역학에서는 라이프니츠를 옹호했다.

뉴턴은 베르누이의 편지를 어느 날 늦은 오후에 받았다. 새 통화를 유통시키는 작업이 한창 진행 중이었기 때문에, 조폐국에서 길고 고단한 한낮을 보내고 난 다음이었다.

뉴턴은 첫 번째 도전 과제를 살펴보았다. 무거운 물체를 떨어뜨릴 때, 어떤 한 지점에서 다른 한 지점으로 떨어지는 그 곡선 궤도를 찾아내야 했다. 두 번째 문제는 첫 번째 것보다 훨씬 더 복잡했다. 그

라이프니츠 1646~1716

독일에서 태어난 라이프니츠는 철학과 수학 분야에서 많은 공헌을 했지만, 그 밖에도 정치가와 법학자로도 활동했다. 1684~1686년 뉴턴과는 별개로 미적분학을 만들 때 미분기호와 적분기호를 도입해 해석학 발달에 공헌했다. 《형이상학 서설》《단자론》 등의 유명한 철학 책을 남겼다.

리고 지금까지 많은 사람들이 혼란에 빠졌던 과정들을 다시 한 번 살펴보아야 했다.

저녁 식사도 잊은 채 뉴턴은 문제에 매달렸다. 열두 시간 정도 지나 새벽 네 시가 되어서야 그는 정답을 찾았다. 그러나 잠자리에 들고 싶은 마음은 추호도 없었다. 그는 풀이 방법을 영국 왕립학회 회장에게 편지로 보냈다. 그리고 그것을 《철학회보》에 익명으로 실어 달라고 부탁했다.

몇 주일 후에 《철학회보》가 나오자 수학자들은 기절할 만큼 놀랐다. 요한 베르누이 또한 놀라지 않을 수 없었다. 그는 다른 모든 사람이 실패한 것을 뉴턴이 풀었다는 내용의 편지를 친구에게 보냈다. 그 편지에는 이렇게 씌어 있었다.

"이제 나는 그의 발톱만 보아도 그것이 사자의 표시인 것을 알게 되었다네."

표트르 대제와의 만남

뉴턴은 왕도 만나 보았고 또 명예도 얻었다. 뿐만 아니라 이제 대륙의 다른 왕실에서도 주목받는 인물이 되었다. 1697년 6월, 러시아의 젊은 황제 표트르 대제는 고향을 떠나 잉글랜드와 서유럽을 방문했다. 2미터가 넘는 큰 키에 신분이 높은 그

가 나타난 것만으로도 과학자 모임에 영
광이 아닐 수 없었다.

표트르는 다음과 같이 새긴 인장을 늘
지니고 다녔다.

"나는 비천한 학생이니 가르침이 필요
합니다."

신과학과 신기술이라면 어느 것을 막론
하고 그의 관심을 끌었다. 사실 이 황제는
자신이 새로 접하는 대부분의 것들을 아
직 중세기에서 벗어나지 못한 고향 러시
아로 가져 갈 계획이었다.

표트르 대제는 잉글랜드의 조선소와 주요 대포 공장과
그리니치 왕립 천문대를 방문했다. 그 후에 그는 특별히
《프린키피아》의 저자와 만나고 싶다는 뜻을 전했다. 둘의
만남은 런던탑에서 이루어졌다. 그곳에서 뉴턴은 황제와
과학에 관한 이야기를 나누었고, 조폐국을 소개시켜 주
었다.

루이 14세의 후원금 제의를 거절

표트르 대제가 잉글랜드를 떠나고 얼마 지나지 않아 뉴
턴은 자크 카시니의 방문을 받았다. 자크는 유명한 천문학
자 조반니 도메니코 카시니의 아들이었다. 당시 루이 14세

루이 14세

스스로 '태양왕'이라고 불렀던 프랑스의 왕으로 5세 때 왕위에 올라 마자랭이라는 재상의 보필을 받았다. 1661년 마자랭이 죽고 직접 정치를 하게 되면서 "짐은 곧 국가다"라는 말을 남길 만큼 절대적인 전제 군주가 되었으며, 프로테스탄트 교도들을 박해하여 나라 밖으로 쫓아냈다.

유럽의 열강들을 상대로 여러 차례 전쟁을 치르는 한편, 산업을 육성하고 베르사유 궁전을 중심으로 문화를 꽃피웠지만 여러 차례의 전쟁과 지나친 사치로 나라 경제가 흔들리고 절대 왕정의 잘못된 점들이 문제가 되어 나중에 프랑스 혁명이 일어나게 된다.

는 베르사유에 궁전을 짓고 오렌지 꽃과 수많은 귀족들에 둘러싸여 지내면서 태양왕이라는 이름에 걸맞게 세력을 넓혀 가고 있었다.

자크 카시니는 루이 14세가 제공하는 막대한 금액의 후원금을 주겠다고 제안해 왔다. 공개적으로 밝히지는 않았지만 뉴턴은 삼위일체설을 부정하는 종교관을 지녔기 때문에 가톨릭 왕국의 왕과는 어떤 일도 하고 싶지 않았다. 그래서 그는 정중하게 거절했다.

기분이 상한 루이 14세는 다음 해 외국인에게 프랑스 과학 아카데미의 회원 자격을 주는 심사 리스트에 뉴턴의 이름이 올라와 있는 것을 보고 고의로 그의 이름을 빼 버렸다. 그러나 그다음 해인 1699년, 프랑스 과학 아카데미 자체에서 뉴턴에게 외국인 회원 자격을 주었다. 이때 뉴턴에게 수학 문제를 주어 그로 하여금 멋지게 풀어내게 했던 요한 베르누이도 함께 회원 자격을 얻었다.

17세의 아름다운 조카딸

　어머니가 돌아가시자 이따금 링컨셔를 방문하는 일말고는 뉴턴이 가족들과 함께 있는 일도 많이 줄어들었다. 케임브리지에 있을 때는 계절의 변화에 따라 바쁘지 않게 살면서 자신의 일에 몰두하는 고독한 생활을 누렸다.

　좋든 싫든 조폐국에서 일하면서부터 뉴턴은 변하지 않을 수 없었다. 그는 많은 사람들과 활발하게 교류했다. 그래서 중요한 손님들을 집으로 모셔 와 술이나 식사를 대접하려면 집안일을 맡아서 해줄 사람이 필요했다.

　가정부를 구할까 했으나 교양 있는 사람을 만나기가 어려울 것 같았다. 그래서 그는 캐서린 바턴을 생각했다. 캐서린은 뉴턴의 조카로, 성이 다른 여동생 한나의 딸이었다.

　캐서린이 저민 스트리트의 삼촌 집에 도착한 때는 아마도 1696년이었던 것으로 보인다. 이때 캐서린의 나이는 열일곱 살이었고 놀랍도록 아름다웠다. 캐서린이 천연두에 걸리게 되자, 뉴턴은 조카를 고향으로 보내 쉬게 했는데, 조카의 예쁜 얼굴이 곰보가 되지 않을까 무척이나 걱정했다. 뉴턴은 캐서린에게 이렇게 편지를 썼다.

　"얼굴은 어떤지, 열은 떨어졌는지 소식 좀 보내 다오. 그리고 따뜻한 우유를 마시면 병세가 누그러질 것이다."

　뉴턴은 예전같이 여전히 아름다운 조카의 얼굴을 다시 보자 안도의 한숨을 쉬었다.

뉴턴과 그의 집을 찾았던 친구들이 놀랐던 것은 캐서린의 외모 때문만은 아니었다. 캐서린은 뉴턴의 친척들 중에서 삼촌의 뛰어난 재능을 가장 많이 닮았다. 외모만 우아한 게 아니라 그녀는 영리했고 책을 많이 읽었다. 이런 점 때문에 그녀는 정치적으로 또 문학적으로 중요한 사람들에게서 많은 사랑을 받았다.

뉴턴의 친구였으며 후원자였던 찰스 몬태규는 캐서린을 기념하는 시를 쓰기도 했다. 또 정치가였던 크리스토퍼 '킷' 케이트가 휘그당원들을 모아서 만든 킷-캣 클럽에서는 그녀의 아름다움을 위해 건배하곤 했다.

릴리퍼트라는 신기한 땅에서 일어났던 일을 쓴 《걸리버 여행기》로 유명한 작가 조너선 스위프트 또한 그녀를 아껴 주는 친구였다. 스위프트는 캐서린이 대화를 잘 풀어 가고 재치 있는 이야깃거리로 사람들을 즐겁게 해주었다고 말했다. 그는 한 친구에게 이렇게 썼다.

"오늘 아침에 바턴 양을 만나러 갔다네. 이곳에서는 바턴 양을 만나는 일이 큰 즐거움이지. 바턴 양은 보기 드문 아가씨라네. 사람들도 그녀를 좋아한다네."

스위프트의 편지는 그녀와의 진정한 우정을 말한 것이었다. 그러나 다른 사람들

《걸리버 여행기》

영국의 풍자 작가인 조너선 스위프트가 쓴 소설로 총 4권으로 되어 있다. 내용은 주인공 걸리버가 배를 타고 가다가 난파하여 소인국과 대인국, 하늘을 나는 섬나라, 말이 지배하는 나라 등을 차례로 돌아다니며 겪는 일들로 구성되어 있다.

은 그녀에게 사랑의 감정을 느꼈다. 레몽 드 몽모르는 프랑스의 수학자였는데, 런던을 방문하는 동안에 캐서린에게 홀딱 반해 버렸다. 몽모르는 영국 왕립학회의 브룩 테일러에게 이렇게 고백했다.

"그녀의 매력은 아름다움뿐만이 아니라네. 그녀는 항상 생기에 차 있고 유머가 넘친다네. 만약에 내가 그녀와 가까이 지낼 수 있는 행운을 얻게 된다고 하더라도, 우리가 처음 만났을 때처럼 그녀 앞에서는 항상 수줍어할 것 같네."

뉴턴은 파티오 드 듀일리에와 헤어진 이후로 아무에게도 마음을 주지 않았다. 하지만 캐서린의 명랑한 성격과 따뜻한 마음씨는 추운 겨울 오후에 조폐국에서 집으로 돌아가는 늙은 뉴턴에게는 더없는 기쁨이었다.

조폐국의 국장으로 승진하다

뉴턴에게는 조폐국 국장이었던 토머스 닐이 일은 하지 않고 빈둥거리기만 하는 게으름뱅이였다. 닐은 전형적인 공무원으로 고위층과 인연을 맺어 안정된 지위를 지키는 것이 목적이었다. 그는 부하에게 모든 일을 맡기고 하루하루를 즐겁게만 살려고 했다. 단 한 가지 좋았던 것은, 뉴턴에게 모든 권한을 준 것이다. 그는 부국장인 뉴턴에게 조폐국의 모든 일을 알아서 처리하게 했다.

1699년 12월 23일, 토머스 닐이 죽었다. 국장이 몇 달 동안 중병으로 누워 있었기 때문에 정부에서는 이미 다음 후계자를 정해 놓은 상태였다.

이틀 뒤 성탄절에 뉴턴은 조폐국 국장이 되었다. 57번째 생일에 그는 너무나 기쁜 선물을 받았다. 국장인 닐은 연간 수천 파운드를 받고 일했던 데 비해 뉴턴이 받은 것은 고작 수백 파운드였다. 뉴턴은 새 국장이 되면서 연간 수입이 갑자기 열 배나 늘었다. 그는 백만장자가 된 셈이었다.

교수직 사퇴와 의회 활동

재산을 관리하는 데 무척 조심했던 뉴턴은 1696년 케임브리지대학교를 떠나면서도 교수직을 사임하지 않았다. 따라서 만일 런던 생활이 맞지 않거나 갑자기 직업을 잃게 되면 언제라도 교수 자리로 돌아갈 수 있었다. 그는 조폐국에서 2년 더 일했다. 그사이 그는 조폐국의 국장으로서 수천 파운드를 받고, 나중에는 대학과도 인연을 끊는다.

1701년 뉴턴은 교수직을 사퇴한다. 그리고 자신의 자리를 젊은 수학자 윌리엄 휘스턴에게 물려주었다. 휘스턴은 뉴턴의 비밀과 정치적 위험을 초래할 수 있었던 종교관까지 함께 나누었던 사람이었다.

뉴턴은 다시 한 번 대학교를 대표하는 의회 의원으로 선출되었다. 그리고 다시 한 번 그 길고도 말이 많은 회의 석상에서 단 한 마디도 하지 않는 기록을 세운다. 그렇지만 이번의 의원

활동은 짧게 끝났다. 1702년 5월 7일, 병석에 누워 있던 윌리엄 3세가 숨을 거둔 것이다. 그리고 앤 공주가 잉글랜드의 여왕이 되었다.

의례적으로, 여왕은 의회를 해산시키고 새 의회를 소집했다. 뉴턴에게 케임브리지에서 다시 의원으로 활동하겠느냐는 제안이 들어왔다. 그러나 이번에는 그는 정중하게 거절했다.

"지금까지 저는 의회에서 일했습니다. 다음에는 제가 아니라 다른 신사분에게 기회를 주셨으면 합니다."

조폐국 국장이었다는 경력 때문에 그는 정치적으로 유명인이 되었지만, 정치인으로서 뉴턴의 생활은 그것이 마지막이었다.

10

왕립학회의 근엄한 새 회장

크레인 코트

영국 왕립학회의 최초의 전용 건물로서 1710년에 구입
했다. 뉴턴은 적당한 장소를 찾아내려고 몇 년 동안이나
런던을 뒤지고 다녔다.

런던에 도착한 이후로 뉴턴과 영국 왕립학회 사이가 이상하게 멀어졌다. 그러나 뉴턴은 이 과학 단체를 통해서 평생 간직할 명예를 얻었다. 그는 왜 적극적으로 왕립학회 일에 관여하지 않느냐는 질문을 받으면, 조폐국 일 때문에 시간을 낼 수가 없다고 대답했다. 그렇지만 뉴턴이 왕립학회 모임에 참석하지 않은 데는 다른 사정이 있었다. 처음 자신이 만든 반사 망원경이 배로 교수의 손에 들려 런던에 도착한 이후 왕립학회에 대한 좋지 않은 감정이 차곡차곡 쌓인 것이다.

영원한 맞수, 훅의 죽음

예전에 로버트 훅은 뉴턴의 망원경보다 훨씬 더 작고 더 정밀한 망원경을 개발했다고 주장했다. 또한 훅은 빛에 대한 뉴턴의 이론을 비난했고, 중력 개념을 자신이 만들었다고 주장해 결국에는 에드몬드 핼리가 나서서 문제를 해결했다. 한동안은 편지까지 주고받으며 둘 사이가 좋아지는 듯했다. 그러나 여전히 뉴턴은 훅을 싫어했고, 훅은 일기에다 뉴턴이 죽었으면 좋겠다고 고백까지 했다.

예순여덟 살이 된 로버트 훅은 노쇠한 몸에 병고까지 치렀다. 그는 더 이상 왕립학회 모임에 나가지 않았고, 죽어가고 있었다. 눈은 거의 시력을 잃었고 늘 누워 지내야 했다. 수만 가지 아이디어로 넘쳤던 그 사람은 1703년 3월 3일

에 숨을 거두었다. 훅은 유언장을 남기지 않았다. 다만 약간
의 돈이 철제 상자에 남아 있을 뿐이었다.

왕립학회 회장으로 선출되다

6개월 후 영국 왕립학회는 21명의 위원들과 임원들을 선
출하기 위해 연례 모임을 가졌다. 이 무렵 뉴턴은 갑자기 왕
립학회 일에 관심을 보이기 시작했다. 그리고 투표 결과 뉴
턴이 왕립학회 회장으로 선출되었다.

뉴턴은 당연히 의아해했다. 당시 왕립학회의 재정은 바
닥이 났고 새로운 과학 사상도 찾아볼 수 없었다. 1680년에
는 회원 수가 200명에 달했는데, 뉴턴이 회장직을 맡았을
때에는 100명이 약간 넘는 정도였다. 무엇보다도 뉴턴은 왕
립학회 회원이 적은 것이 걱정이었다. 일주일마다 모이는
왕립학회 모임에는 몇 명 안 되는 회원만 참석했고, 당연히
위원회의 활동은 시간이 갈수록 위축되었다.

가끔 있는 토론에서도 의약품 실험이나 색다른 동물의
해부도 같은 것만 인기를 끌었다. 사실 회원들 중 상당수가
의사들이었다. 그들은 악어나 아르마딜로, 주머니쥐의 살
아 있는 표본을 보며 좋아했다. 그들은 살인 용의자들이 사
용했던 다양한 독약과 또 그것의 의학적인 효과 등에 푹 빠
져 있었다. 어떤 때는 돼지 오줌의 의학적 가치를 놓고 토
론했다.

왕립학회는 우주를 지배하는 법칙들이 최대의 관심사가 되었던 시절과는 전혀 다른 모습으로 굴러가고 있었다. 사실 이들은 뱀의 배 속에 있는 사슴을 찾아다닌다거나, 따개비 말단에 붙어 있는 알을 발견한다거나, 무당벌레를 수집한다거나, 버터 조각을 물속에 던지면 물고기 떼가 몰려들고 그것을 잡아 요리하면 아주 맛있다는 이야기를 하는 사람들과 다를 것이 없었다.

왕립학회 모임에 참석했던 사람들은 다들 이렇게 웃기는 이야기에는 일가견이 있는 것처럼 보였다. 그러나 단 한 사람만이 예외였다. 유머 감각이라고는 별로 없었던 새 회장 뉴턴이 바로 그였다.

왕립학회를 활성화시킬 계획들

뉴턴이 부임하고 얼마 안 되었을 때 회원들의 참석률이 너무 낮아 모임을 진행할 수 없었던 적도 있었다. 그때 화가 난 뉴턴은 '영국 왕립학회 활성 계획안'이라는 제목의 계획서를 작성했다. 그 속에는 이런 식의 단체는 더 이상 존재할 필요도 없으며, 새롭게 다시 시작하지 않으면 안 될 것이라는 강한 주장이 담겨 있었다.

그는 우선 왕립학회가 원래의 목적으로 돌아가야 한다고 생각했다.

"자연의 운행과 그것의 틀을 발견하고, 발견해 낸 것들에서 (가능한 범위에서) 일반적 규칙이나 법칙을 찾아내며, 이렇게 찾아진 규칙들을 관찰과 실험을 통해서 재정립하며, 그런 후에 사물의 원인과 결과를 밝혀야 한다.”

새로운 과학 철학에 익숙했던 사람들에게는 뉴턴이 갈릴레이의 과학 방법론을 인용하고 있는 것처럼 들렸을 것이다.

이 일을 효과적으로 실현하기 위해서, 뉴턴은 네 명의 '해설자'를 지정하자고 했다. 해설자는 역학과 수학, 광학과 천문학, 동물학, 화학 그리고 식물학 분야의 강연과 실험을 정기적으로 계획하고 실천하며, 모든 모임을 주재하는 역할을 맡았다. 훅의 이름을 언급하지는 않았지만 바로 훅 같은 네 명의 사람이 보강된 모임을 생각했던 것이다.

그러나 이러한 모임을 진행하려면 정기적으로 모일 장소가 필요했다. 또 적극적으로 활동하는 회원들이 있어야 하며, 재정적인 뒷받침도 빠질 수 없었다. 뉴턴은 계획안의 두 번째 부분에서 이러한 사항들에 대해 언급했다.

왕립학회 전용 공간을 마련할 계획을 짜다

1662년 설립된 이후로 왕립학회 모임은 비숍스게이트 스트리트에 있었던 그레섬 칼리지에서 주로 이루어졌다. 나무와 벽돌로 만들어진 이 커다란 건물은 원래 토머스 그레섬이라는 부자 상인의 개인 저택으로 건축되었다. 전용 공간이 없었기 때문에 몇 년 동안 왕립학회 회원들은 개인의 집에서 돌아가면서 모임을 갖곤 했다. 최근에는 죽은 로버트 훅의 집에서 모임을 가졌다.

새로 건물을 짓든 사들이든 학사원 전용 공간을 마련하겠다는 것이 뉴턴의 계획이었다. 이 일을 성사시키기 위해서 그는 회원들에게서 회비를 걷었다. 그동안 몇 년씩 회비를 내지 않았던 회원도 많았다. 논란도 많았지만 위원회는 새 회장의 건의를 받아들였다.

이제 회원이 되기 위해서는 입회비를 내야 했다. 또한 정식으로 회원이 되기 전에 매주 있는 왕립학회 정기 모임에 참석한다는 서약서에 서명해야 했다. 전에 이러한 서약을 하지 않은 회원들에게서도 서명을 받았다. 이러한 회칙을 지키지 않는다거나 또는 회원의 의무를 소홀히 한 사람은 왕립학회에 참여할 수 없었다.

반발도 많고 불평도 많았다. 하지만 조금씩 돈이 모이기 시작했다. 왕립학회는 또한 동인도 회사와 왕립 아프리카 회사의 주식을 배당받았다. 이 회사들은 점차로 규모가 커져 가고 있던 대영제국의 무역을 도맡아 했다.

새 지도자를 중심으로 굳게 뭉친 왕립학회

뉴턴은 한스 슬론 총무와 함께 주도면밀하게 일을 처리했다. 재정이 조금씩 쌓이면서 왕립학회 전용 공간을 마련하는 일이 가능해졌다.

왕립학회 정기 모임은 여름 회기 동안 잠시 중단되었다. 그러나 1710년 9월에 갑자기 비상 위원회가 소집되었다. 크리스토퍼 렌 경의 도움으로 뉴턴은 번잡스러운 플릿 스트리트에서 떨어진 크레인 코트에 왕립학회의 새 보금자리를 마련했다. 비용은 총 1,450파운드가 들어갔다.

뉴턴은 위원회의 승인을 받았다. 그리고 10월 26일 모임에서 계약을 마쳤다고 자랑스럽게 보고했다. 한편 그의 계획에 반대했던 위원들은 한 달 후에 있었던 위원 선출에서 쓴잔을 마셔야 했다.

뉴턴은 거의 독단으로 왕립학회를 이끌었다. 그의 노력으로 영국 왕립학회는 그날 벌어 그날 먹고 사는 거리의 부랑아처럼 50년을 버텨 오다가 튼튼한 재정을 갖춘 단체가 되었다.

크레인 코트의 새 보금자리 수리 계획이 10개월 뒤에 마무리되었다. 왕립학회는 궁정의 신하들이 왕의 말에 복종하듯이 요지부동의 새 지도자를 중심으로 뭉쳤다.

왕립학회의 새 규칙들이 만들어졌다. 새로운 규칙에 따르자면, 책상머리에는 오직 회장만이 앉을 수 있었고, 그 아래쪽 양옆으로 총무 두 명이 앉을 수 있었다. 먼저 회장에게 자신이 누구인지 소개하지 않으면, 그 누구도 모임에서 말할 수 없었다.

뉴턴은 여기에서 만족하지 않았다. 회장의 책상 위에는 권위의 상징인 홀(일종의 지팡이)이 놓여졌다. 그가 참석할 수 없는 경우에는 부회장이 그의 자리를 대신했다. 하지만 그때는 홀을 책상 위에 놓아서는 안 되었다. 링컨셔 출신의 젊은 의학도로서 나중에 뉴턴과 친구가 된 윌리엄 스터클리 박사는 이 장면을 다음과 같이 묘사한다.

뉴턴은 왕립학회를 주재하는 동안 언제나 위엄과 당당함을 잃지 않았으며, 그 누구도 흉내낼 수 없는 분별력을 가지고 모임을 이끌어 갔다. 그는 자연에 대한 지식을 늘려 가려는 노력에 대해서는 어떠한 일이라도 용기를 꺾지 않으려고 몹시 조심했다. 소곤거리는 사람도, 딴소리하는 사람도, 큰 소리로 웃는 사람도 없었다. 모든 대화가 조심스럽게 오고 갔다. 모두가 성실했으며, 가치 있는 것들이었다. 사실 그가 있다는 것은 모임에 참석한 사람에게는 경이로운 존재를 앞에 둔 것이나 다름없었다.

최고의 위엄을 갖추고 있는 뉴턴의 초상화

자신의 지위에 대해 정확하게 알고 있었던 뉴턴은 나이를 먹어 가면서 더 많은 초상화를 그리게 했다. 그는 1702년 고드프리 넬러를 시켜 두 번째 초상을 그리게 했다. 바로 그 다음 해에 영국 왕립학회의 회장으로 취임할 무렵에는 찰스 저버스를 시켜 초상화를 그렸다.

저버스의 초상화에서 이 자연철학자는 등받이가 높은 팔

걸이 의자에 빳빳하게 앉아 있다. 머리는 구불거리는 가발을 쓰고 있었고, 오른손 검지손가락은 가까운 책상에 놓여 있는 제목 없는 책을 가리키고 있다. 그의 큰 눈은 그림을 보는 사람에게 눈싸움이라도 거는 것처럼 보이는데, 절대로 질 것 같지 않은 눈빛이다.

이 초상화는 완전한 힘을 얻고 최고의 업적을 쌓은 뉴턴의 모습이다. 그 자신이 후세에 보여 주고 싶었던 바로 그 모습이었다. 나중에 뉴턴은 저버스의 초상화를 왕립학회에 선사했다. 이 초상화는 지금도 성스러운 물건처럼 전시되어 있는데, 보는 이로 하여금 어떤 힘에 눌리는 듯한 느낌을 준다.

고드프리 넬러 1646~1723
독일에서 태어나고 영국에서 활동한 화가로 초상화가로서 명성을 얻었다. 1688년 라일리와 함께 왕실 화가가 되었으며, 1711년 넬러 아카데미를 만들어 영국의 회화 양식에 많은 영향을 끼쳤다. 런던의 국립초상화미술관에는 그가 그린 42명의 휘그당원 초상화가 있다. 찰스 저버스는 넬러의 제자이다.

한편 훅의 유일한 초상화는 그레셤 칼리지에서 크레인 코트로 이사하는 사이에 없어졌는데, 사람들은 뉴턴이 처리해 버린 것이라고 의심했다.

1703년의 뉴턴(찰스 저비스의 작품)
이해에 그는 영국 왕립학회의 회장으로 선출되었다.

기사 작위를 받은 뉴턴

1705년 4월, 앤 여왕은 런던을 출발하여 뉴마켓에 있는 궁으로 향했다. 덴마크 사람인 남편 조지 공작과 함께였다. 여행의 주된 목적은 매년 개최되는 경마 경기에 참석하기 위해서였다. 영국의 최고의 말들이 모여 뉴마켓의 벌판과 고대의 토성이었던 데블즈 다이크를 넘어 기량을 펼치는 경기였다. 경기 후에는 가까이에 있는 케임브리지대학교에서 파티가 있을 예정이었다.

그곳의 넓은 잔디밭에서 여왕은 학장을 만났다. 여왕과 각료들, 수행원들은 트리니티 로지로 안내되었다. 그곳은 트리니티 칼리지의 학장이었던 리처드 벤틀리가 사는 집이기도 했다. 나이 든 남자 세 명이 안으로 불려 들어갔다. 그들은 여왕 앞에 무릎을 꿇었다. 왕실의 선언문이 낭독되었다. 그리고 칼이 뽑아졌다. 칼날이 세 남자의 양 어깨를 쳤고, 이로써 세 명의 기사들이 새로 탄생했다.

이제 존 엘리스는 존 엘리스 경, 제임스 몬태규는 제임스 몬태규 경, 그리고 아이작 뉴턴은 아이작 뉴턴 경이 되었다. 여왕을 위하여 새롭게 단장한 트리니티 홀에 성대한 저녁 식사가 차려졌다. 뉴턴은 앤 여왕 다음으로 빛나는 존재였다. 그는 45년 전부터 식사를 했던 이곳에서 전혀 다른 의미의 저녁 만찬을 즐기게 된 것이다.

왕실 사람들은 곧 케임브리지대학교를 떠났다. 그러나 뉴턴은 잠시 더 머물렀다. 지금이야말로 평생 간직할 순간

앤 여왕
1705년 트리니티 칼리지를 방문하여 뉴턴에게 기사 작위를 수여했다.

이었다. 교수로 있을 때는 몇 명의 학생들을 제외하고는 모두가 그를 피했다. 하지만 이제 모든 사람이 그를 쳐다보고 있었다. 그를 우러러보았던 어떤 사람은 이때를 이렇게 회상했다.

"우리는 일요일이면 그분과 함께 있으려고 했습니다. 학교의 높은 분들과 앉아 있는 그분을 볼 때는 성인을 보는 것 같았습니다."

《광학》의 출판, 또 하나의 위대한 과학적 유산

여러 가지 일이 많았지만 뉴턴은 과학에 대한 집념을 버릴 수 없었다. 1704년 2월 16일, 왕립학회 총무였던 한스 슬론은 왕립학회 회지 서문에 다음과 같은 글을 썼다.

"왕립학회 회장님께서 광학에 대한 책을 왕립학회에 발표했습니다. 핼리 씨가 먼저 그것을 읽어 보고, 왕립학회에 요약문을 보내왔습니다. 왕립학회에서는 회지를 통해 발표해 주신 것에 대해, 또 책을 출판할 수 있도록 허락해 주신 것에 대해 회장님께 감사의 뜻을 전합니다."

많은 정성이 들어가고 기대도 많이 모았던 《프린키피아》와는 반대로, 《광학》은 출판되기 전에 단 한 번도 왕립학회에서 언급되지 않았다. 그리고 뉴턴의 주요 저서들 중에서는 유일하게 그 스스로 모든 출판 준비를 했던 책이다. 이 책은 그의 위대한 과학적 유산 중에서 두 번째 기둥이 된다.

그는 《프린키피아》를 왕립 학회에 헌정했던 것과는 달리 이 책은 자신의 것으로 남겨 두었다.

뉴턴이 침묵을 지켰던 이유는 일단 서문을 읽어 보면 분명해진다. 서문에서 뉴턴은 독자에게 자신이 젊었을 때 했던 연구 작업의 성과들을 토대로 《광학》을 만들었다고 밝혔다.

"여러 문제들에 대해서 또다시 논쟁에 휘말리지 않기 위해서, 나는 지금까지 출판을 미루어 왔습니다. 친구들의 설득이 없었더라면 이 책은 아직도 잠자고 있었을 것입니다."

간단하게 말하면, 뉴턴은 훅이 사라져 줄 때까지 기다렸다가 일을 벌인 것이다. 한 세대 전에 빛에 관한 뉴턴의 논문이 발표되면서 세상이 놀라고 또 불꽃 튀는 논쟁이 시작되었던 것을 기억하는 사람이라면, 뉴턴이 고인이 된 실험 감독관을 염두에 두고 이런 글을 썼다는 것을 모를 리가 없었다.

뉴턴의 《광학》 첫 페이지
《광학》은 1704년 처음으로 출판되었다. 라틴어가 아니라 영어로 씌었기 때문에 《프린키피아》보다 독자가 더 많았다.

세상의 모든 이야기를 모아 놓은 책

뉴턴은 독자들에게 자신이 무엇을 의도하는지를 분명하게 밝혔다.

"이 책에서 제가 계획했던 것은 빛의 특성을 가설로만 설명하는 것이 아닙니다. 바로 합리적인 판단과 실험을 통해서 그것을 주장하고 증명하는 것입니다."

이 천재적인 이론가는 《프린키피아》의 발표로 그 천재성을 보여 주었지만, 실험가로서도 인정받기를 원했다. 그리고 이러한 이론과 실험의 결합이야말로 과학의 역사에서 뉴턴의 존재를 독보적으로 만들었다.

《프린키피아》는 복잡한 기하학적 관계를 밝히는 수학 저서이기 때문에 중요한 실험이라고 할 만한 것이 별로 없었다. 그러나 《광학》은 반사와 굴절에 대한 것, 백색광을 스펙트럼상의 색깔들로 분광하는 것, 시각의 작용 방식, 렌즈를 이용한 상의 형성, 무지개 색깔, 반사 망원경의 구조, 그리고 그 밖의 것들에 대한 상세한 설명으로 넘쳤다.

빛의 분석이나 특성과는 거의 연관이 없거나 전혀 관계가 없는 주제들에 대한 것도 실려 있었다. 대사 작용과 소화, 혈액의 순환, 세상의 창조, 노아의 홍수, 과학 방법론, 심지어는 정신 이상자의 꿈에 나타나는 형상들까지 이 책은 세상의 모든 이야기를 다 모아 놓은 것 같았다.

뉴턴은 《광학》을 영어로 썼다. 《프린키피아》는 라틴어로 씌었기 때문에 많은 독자들이 읽을 수 없었다. 하지만 《광학》은 많은 사람들이 쉽게 볼 수 있게 썼다. 뉴턴의 친구였던 존 로크는 이제까지는 그의 저서들을 머리를 싸매고 봐야 했는데, 《광학》을 읽을 때는 "즐거운 마음으로 책의 내용을 알 수 있었다"라고 평했다.

끝내 찾아내지 못한 보편 원리

천재에게도 한계는 있는 법이다. 로버트 훅과의 길고도 험했던 전쟁 때문에 《광학》의 출판이 늦어졌지만, 거기에는 또 다른 이유가 있었다. 원래 계획대로라면 《광학》은 4부로 출판할 예정이었다. 그러나 결국 3부로 출판되었다. 그가 발표하기를 망설였던 원고에는, 물체의 운동을 설명할 수 있는 법칙을 찾아내려고 고심했던 흔적이 역력했다.

"만약에 자연이 가장 단순하게 또 완전하게 자신을 드러내고 있다면, 자연은 '빛의 입자를 포함해서' 아주 작은 물체들의 운동을 조절하는 데서나, 또 '태양과 달, 행성 같은' 커다란 물체의 운동을 조절하는 데서나 똑같은 방식을 적용하고 있다는 것을 보여 줄 것이다."

그러나 1693년에 파티오 드 듀일리에와의 관계와 연금술 실험이 거듭해서 실패했던 것처럼, 그는 자신이 찾고 있는 보편적 원리를 발견할 수 없었다. 청년기의 진리에 대한 꿈은 이제 악몽이 되어 30년 동안 그를 괴롭힌다. 영국 왕립학회의 회장 자리도, 조폐국의 국장이라는 것도, 기사로 책봉된 것도, 위대한 과학책을 출판한 것도 그것을 없애 버리지는 못했다.

11

과학자들과의 불화와 전쟁

뉴턴말고도 왕국의 밤하늘을 지켰던 사람이 또 있었다. 존 플램스티드도 새벽 일찍 일어나 밤늦게까지 일했던 학자였다. 그는 찰스 2세의 후원을 받아 잉글랜드 최초의 천문학자가 되었다.

왕국의 밤하늘을 지켰던 또 한 사람, 플램스티드

1675년, 플램스티드는 아침 일찍 아직 잠자리에 있는 뉴턴을 방문했다. 그는 집주인이 옷을 갈아입을 때까지 기다렸다. 뉴턴의 성경책들 중 한 권을 꺼내 읽으면서 그는 뉴턴이 어떻게 나오든지 간에 냉정을 잃지 말자고 다짐했다.

그는 뉴턴이 '바탕은 착한' 사람이라고 생각했다. 그러나 의심이 많고 남의 말에 쉽게 휩쓸리는 사람이라고 알고 있었다.

플램스티드는 누구보다도 에드먼드 핼리를 원망했다. 최근의 뉴턴과 핼리와의 관계 또한 그를 편하게 놔두지 않았다. 플램스티드의 외모는 왕립학회에 걸려 있는 초상화에서 볼 수 있듯 청교도 목사 같은 분위기였다. 그는 핼리가 무신론자이며, 성직자들을 뒤에서 조롱하고 있다고 의심했다.

존 플램스티드 1646~1712
영국의 그리니치 천문대의 초대 대장을 지낸 천문학자이다. 플램스티드는 열여섯 살 때 류머티즘으로 학교를 중퇴하고 천체 관측을 독학으로 익혔다. 왕립학회에 제출한 보고서에서 천문대의 필요성을 주장하여 국왕의 지원을 받아 그리니치 천문대를 세웠으며, 여기에서 관측한 천체 관측 자료는 뉴턴의 중력 법칙을 검증하는 데 도움이 되었다.

최초의 왕실 소속의 천문학자 존 플램스티드의 초상
뉴턴의 부당한 대우에 화가 났던 그는 뉴턴에게 필요한 자료들을 공개하지
않는 식으로 싸움을 벌인다.

갑자기 플램스티드의 머릿속에 어떤 생각이 떠올랐다. 그것은 스스로 생각하기에도 훌륭한 생각이었다. 그는 무엇인가를 적어 그 쪽지를 뉴턴의 성경책에 숨겨 놓았다. 쪽지에는 이렇게 쓰여 있었다.

"예레미야서, 10장 10절을 보시오."

이 구절은 거짓 예언자들과 거짓말을 일삼는 사람들을 고발하는 내용이었다. 플램스티드는 나중에 친구에게 다음과 같이 말한다.

"그 쪽지를 뉴턴이 보았는지는 확실하게 알 수 없습니다. 그러나 그것을 읽었더라도, 뉴턴이 나쁘게 생각할 이유는 없습니다. 나는 그에게 세상의 길을 보여 주었습니다. 정치나 연극이 보여 줄 수 있는 것보다 훨씬 더 분명하게요."

플램스티드와의 사이에 싹튼 불화

핼리는 지나치게 경쟁심이 강했던 플램스티드를 비웃기는 했다. 하지만 핼리가 종교를 완전히 부정했다고는 믿기 어렵다. 더군다나 핼리의 그런 대담함에 뉴턴이 관여했다는 것은 더욱 있을 수 없는 일이다. 물론 뉴턴과 플램스티드 사이에 불화가 싹튼 것은 플램스티드가 왕립학회 모임에 참석하지 않고, 뉴턴이 요구하는 것마다 번번이 거절했던 것만이 원인은 아니었다.

뉴턴은 《프린키피아》의 두 번째 판을 출판할 때 달과 행

그리니치에 있던 왕립 천문대의 팔각형 방

성들의 운동에 대한 자료가 필요했다. 그리고 그리니치 왕립 천문대의 책임자였던 플램스티드는 뉴턴이 필요한 자료를 갖고 있었다.

아마 뉴턴의 태도가 정중했다면 플램스티드는 협조했을 것이다. 하지만 뉴턴의 태도는 신사적인 것과는 거리가 멀었다. 뉴턴이 소리를 지르고 태도가 거칠어도 플램스티드는 그를 존경했다. 그는 뉴턴에게 정중한 대접을 받고 싶었을 뿐이었다.

당시 플램스티드는 자신의 불후의 명작이 될 저서를 마무리하고 있었다. 그것은 지금까지 발견된 별들을 총망라해 놓은 그의 역작《천체 목록》이었다.

논쟁에서 전쟁으로 비화된 사건

플램스티드가 뉴턴에게 그리니치를 방문해 줄 수 있느냐고 물어 왔다. 자신이 하고 있는 일을 검토해 달라는 부탁이었다. 뉴턴은 이 초대를 거절했다. 한 번 더 플램스티드는 뉴턴을 집으로 초대했다. 이번에도 뉴턴은 거절했다. 이 천문학자는 뉴턴에게 한마디 하지 않고 지나갈 수가 없었다. 뉴턴 역시 면전에서 바른 소리를 들어 본 적이 없는 사람이었다. 플램스티드는 자신을 런던의 세인트폴 대성당에서 일하는 인부에 비유하면서 불만을 토로했다.

"나는 바위에서 벽돌을 잘라 냈습니다. 그리고 그것들을 차곡차곡 쌓아서 틀을 잡아갔습니다. 많은 노력과 시간을 들였기 때문에 완성된 성당이 세상에 나올 수 있게 된 것입니다."

뉴턴은 하는 수 없이 그가 한 말을 받아들일 수밖에 없었다. 하지만 일단 플램스티드가 눈 밖으로 사라지자 논쟁은 전쟁이 되었다.

플램스티드는 뉴턴이 그리니치로 제자를 보내 자신이 하고 있는 일이 어떻게 되어 가고 있는지 염탐했다고 비난했다. 곧이어 뉴턴은 플램스티드가 아무것도 발표하지 않으면서 빈둥거리고 있다고 비난했다.

뉴턴의 심기가 더욱 불편해졌던 이유가 있다. 과학자로서의 그의 생애에서 처음으로 다른 사람 때문에 자신의 일이 좌지우지되는 상황에 처한 것이다. 그리고 플램스티드도 이 사실을 잘 알고 있었다.

다시 한 번 어긋난 관계

모든 자존심을 버리고 뉴턴은 마침내 그리니치를 찾아갔다. 1704년 4월, 뉴턴은 플램스티드와 함께 그곳에서 식사를 했다. 분위기를 띄우는 뜻에서 플램스티드는 뉴턴에게 《프린키피아》의 제4권에서 뉴턴이 미처 발견해 내지 못한 몇 가지 오류들을 지적해 주었다. 하지만 뉴턴은 감사하기는커녕 몹시 불쾌해했다.

일전에 뉴턴은 《광학》 한 권을 그리니치로 보냈던 적이 있었다. 그래서 플램스티드는 대화를 최근에 출간된 《광학》으로 옮겨 보았다. 하지만 사정은 전혀 누그러지지 않았다.

"뉴턴에게 책을 보내 주어서 고맙다고 말했습니다. 그러자 그는 책에 실린 내용을 증명해 달라고 했습니다. 나는 뉴턴에게 그럴 수 없다고 말했습니다."

플램스티드는 뉴턴이 모든 실험들을 성공적으로 마치고 난 다음에야 말을 한다는 것을 잘 알고 있었기 때문에 의심스러운 점에 대해 침묵한 것이다.

몇 달 후 조지 공작이 그리니치를 방문했다. 공작은 플램스티드가 아직 완성하지 못한 대작의 출판 비용을 대 주겠다고 제안했다. 뉴턴은 그러한 제안이 있었다는 것을 알아채고 재빨리 움직이기 시작했다. 왜냐하면 누구보다 자신이 플램스티드의 연구 자료가 필요했기 때문이다. 그래서 뉴턴은 플램스티드가 도저히 거절할 수 없는 상황을 만들기 시작했다.

먼저 뉴턴은 왕립학회의 다음 모임에서 회원들을 설득하여 플램스티드의 출판을 수월하게 만들었다. 또한 뉴턴은 조지 공작이 그다음 주에 왕립학회 회원으로 선출될 수 있도록 조치를 취했다. 그래야만 왕립학회는 왕실의 권위를 가질 수 있고, 따라서 플램스티드는 왕실을 상대로 싸울 수는 없기 때문에 뉴턴은 그가 왕립학회의 권유를 받아들일 수밖에 없을 것이라고 생각했다.

더욱더 깊어진 반목의 골

이제 뉴턴의 의도는 공개적으로 드러나기 시작했고, 둘의 관계는 더욱 나빠졌다. 이런 상황에서 뉴턴은 플램스티드의 논문을 심사하고 그중에서 어떤 것이 출판에 적합한지 결정하는 위원회의 위원장으로 지명되었다. 플램스티드는 주변 사람들에게 이렇게 한탄했다.

"아이작 뉴턴 경은 자기 편 사람들을 모으기 시작했습니다. 그리고 자신의 계획대로 일을 진행시켰습니다."

뉴턴은 승리를 확신했다. 뉴턴은 플램스티드에게 심사위원들과의 저녁 식사에 초대하는 편지를 썼다. 편지에는 연구 요약문을 가지고 나오라는 말도 빠뜨리지 않았으며, 편지 끝에는 이렇게 썼다.

"당신의 친애하는 친구이며 비천한 종에게서."

플램스티드가 자신의 논문이 전부 출판되는 것이 아니라는 사실을 알게 되면서 둘 사이의 반목은 더 깊어졌다. 플램스티드는 그리스의 천문학자 클라우디오스 프톨레마이오스의 저서에서부터 에드먼드 핼리의 저서에 이르기까지 모든 천문학 서적들을 뒤져서 주요 별들의 목록을 제작했다. 그런데 그것이 전부 출판되지 않게 된 것이다.

프톨레마이오스 85~165년경
고대 그리스의 천문학자로서 127~145년 무렵에 이집트의 알렉산드리아에서 천체를 관측하면서 대기에 의한 빛의 굴절 작용과 달의 움직임이 일정하지 않다는 사실을 발견했다.
그가 천문학에 대해서 쓴 《천문학 집대성》(알마게스트)이라는 책은 코페르니쿠스의 지동설이 탄생될 수 있는 기초가 되었다.

한편 뉴턴은 자신이 관심 있어 했던 부분만 출판하고 싶어 했다. 그는 특히 달의 운동에 관한 플램스티드의 자료에 관심이 많았다. 이것들은 중력에 관한 자신의 연구에 결정적인 영향을 줄 수 있는 것들이었다.

이 시점에서 플램스티드는 가능하면 모든 방법을 동원해서 출판을 막아야겠다고 결심했다. 둘 사이의 싸움도 교착 상태에 빠지고 말았다.

출판 계획이 있은 지 2년이 지난 1708년 4월까지도《천체목록》은 한 권도 나오지 않았다. 그로부터 4년을 더 기다린 뒤에야 말도 많고 탈도 많았던 그의 연구가 드디어 책으로 엮어져 나올 수 있었다.

플램스티드를 왕립학회 회원에서 제명시키다

그동안에도 논쟁은 계속되었다. 뉴턴은 플램스티드가 절대로 자신의 뜻에 따라 주지 않을 것이라는 사실을 알고 있었다. 그래서 뉴턴은 그가 회비를 안 냈다는 이유를 들어 1709년 영국 왕립학회 회원에서 제명시켰다. 플램스티드에게는 충격이었다. 플램스티드는 친구였던 에이브러햄 샤프에게 독설이 담긴 편지를 써 보냈다.

"최근에 뉴턴은 많은 일을 했다고 합니다. 그러나 그의 신분에는 맞지 않는 일이 대부분이었습니다. 우리 왕립학회는 그의 편협하고, 간교하고, 정당하지 못한 계획 때문에 불행하게 될 것입니다."

사실 플램스티드의 말은 너무 심했다. 어쨌든 뉴턴은 거의 혼자 힘으로 땅에 떨어진 왕립학회의 명예를 살려 놓고 파탄 직전인 모임을 끌어 갔던 사람이었다.

뉴턴은 왕립학회를 국제적인 단체로 만들고 싶어 했다. 그가 회장으로 있는 동안 외국인 회원 수도 두 배로 늘었다. 그리고 그들 중 상당수는 정치적으로도 중요했던 자연철학자였다.

그는 특히 대사들을 좋아했던 것 같다. 그들은 영국을 방문한 세계적인 유명 인사들처럼 회장 옆자리의 편안한 의자에 앉을 수 있었다. 뿐만 아니라 실험들을 볼 수도 있었다. 베네치아의 대사였던 그리마니, 토스카나의 대공이 보낸 게라르디니, 프랑스의 대사였던 아르망 공작 등도 왕립학회의 손님이었다.

그들은 인간의 간에 연결된 동맥들과 혈관에 빨간색 왁스가 주입되는 것을 볼 수 있었는데, 신기하기도 했고 또 실험가의 솜씨에 놀라지 않을 수 없었다. 그들은 또한 마찰 때문에 빛이 나는 것을 보기도 했고 진공에서의 중력의 힘에 대한 설명을 듣기도 했다. 하지만 그들의 가장 중요한 방문 목적은 뉴턴을 한번 만나 보기 위해서였다. 뉴턴은 이미 살아 있는 신으로서 존경받고 있었다.

뉴턴이 살았던 마지막 집

몇 군데를 더 이사 다닌 다음 뉴턴은 마지막으로 성 마틴 스트리트 35번가에 정착했다. 그곳은 지금은 런던 신시가지의 일부가 된 웨스트민스터 교구에 자리잡고 있었다. 레스터 하우스로 알려진 이 석조 건물은 뉴턴이 새 주인이 되면서 전망대를 더 만들었다고 전해진다.

조카딸인 캐서린 바턴의 취향이었는지 뉴턴의 취향이었는지는 모르지만 뉴턴은 붉은색 가구들에 둘러싸여 지냈다. 의자와 소파도 붉은색이었고, 커튼과 베개, 침대 커버도 붉은색이었다. 조폐국에서 일을 마치고 집으로 돌아와서 단잠을 잤던 침대 옆의 긴 의자도 붉은색이었다.

뉴턴은 하인을 부르기 위한 종과 술병 장식대 두 개, 맥주 스탠드 세 개와 나무 욕조들도 새로 마련했다. 욕조를 마련한 데에는 따로 이유가 있었다고 한다. 뉴턴은 "매일 아침, 욕조에 비누 거품을 가득 채워 놓고 비누 거품 놀이를 했다"라는 이야기도 있다. 진짜인지 알 수는 없다. 하지만 뉴턴이 어린 시절에 하던 놀이를 하며 즐거워하는 모습을 상상하는 것도 즐거운 일이다.

《프린키피아》의 두 번째 출간과 플램스티드의 《천체 목록》

《프린키피아》의 두 번째 판에 이어 세 번째 판이 1713년에 출판되었다. 학자들에게는 반가운 소식이 아닐 수 없었다. 《프린키피아》의 초판은 몇백 부밖에 찍지 않아서 이미 오래전에 다 팔렸다. 돈이 있는 사람은 2기니를 주면 헌책을 사서 볼 수 있었지만, 그럴 여유가 없는 사람들은 한 장씩 베껴 보는 수밖에 없었다.

이번에는 핼리 대신에 리처드 벤틀리가 편집 책임을 맡았다. 그는 트리니티 칼리지의 학장으로 전형적인 학자였다. 그러나 벤틀리가 핼리만큼 순수한 동기에서 그 일을 맡은 것은 아니었다. 그는 이 일을 맡을 때부터 돈 때문에 한다는 점을 분명하게 밝혔다.

무엇보다도 벤틀리는 해석기하학에 대한 기초가 없었다. 그래서 그는 천문학 교수였으며 자연철학자였던 젊은 로저 코츠에게 전문적인 일을 맡겼다. 이번 일은 뉴턴이 플램스티드를 부당한 태도로 대했기 때문에 더 얼룩졌다.

뉴턴은 오랫동안 그 천문학자를 괴롭혔다. 그는 필생의 작업을 마음대로 하기 위해 그야말로 온갖 방법을 다 동원했다. 플램스티드를 영국 왕립학회에서 쫓아낸 후로 뉴턴은 그가 관찰했던 결과들을 자료로 썼다. 뉴턴은 그런 행동을 더 '고귀한' 목적을 위한 것이라고 생각했다.

플램스티드는 몇 년 뒤 숨을 거두기 직전 드디어 복수를 시작한다. 《천체 목록》 전부를 출판할 수 있게 된 것이다. 여기에는 별들의 목록을 비롯해 뉴턴이 고의적으로 빠뜨린 부분까지 원래대로 실었다. 그런 다음 플램스티드는 뉴턴이 출판했던 모든 책을 사들였다. 그리고 그것들

을 불태워 버렸다. 그의 이런 과격한 행동은 일종의 정화
의식이었다.

라이프니츠와의 또 다른 전쟁

한편으로 길고도 험한 전쟁을 치르면서 뉴턴은 또 다른
전쟁을 시작했다. 얼핏 보기에 최근에 나타난 뉴턴의 적은
곱사등이 훅과 비슷했다.

사실 고트프리트 빌헬름 폰 라이프니츠는 중간 키에 항상
허리를 구부정하게 구부리고 다녔다. 가느다란 다리와 작
은 발에 비한다면 어깨가 떡 벌어진 상체는 상당히 다부져
보였다. 눈동자는 진했고 코는 크고 길었다. 커다란 입술 양끝은 살짝 올라가 카나리아를 집어삼킨 고양이 같은 모습이었다. 그러나 뉴턴은 라이프니츠의 외모가 아니라 머리와 싸워야 했다. 라이프니츠 또한 대단한 천재였다.

사람들은 다른 것보다도 철학자로서의 그의 업적을 많이 기억한다. 그렇지만 이 지칠 줄 모르는 독일인 학자는 신학, 역사, 수학, 법률, 역학, 어학 그리고 지질학에

고트프리트 빌헬름 폰 라이프니츠
독일의 학자였던 그는 뉴턴과는 독자
적으로 미적분학을 발전시켰다.

도 능통했다. 뉴턴이 미적분학에 대한 최초의 논문들을 쓰고 있을 무렵 스무 살의 라이프니츠는 〈조합의 기술〉이라는 제목의 훌륭한 논문을 쓰고 있었다. 이 논문은 현대 컴퓨터의 조상이라고 평가될 정도로 논리적인 분석의 모범을 보여 주었다.

미적분학 발견을 둘러싸고 시작된 불화

뉴턴과 라이프니츠는 미적분학 때문에 평생을 으르렁거렸다. 뉴턴처럼 손재주 또한 뛰어났던 이 젊은 독일인은 자동 계산기를 만들기도 했다. 그는 이것을 런던으로 가져와 영국 왕립학회 회원들에게 구경시켜 주었는데 상당히 인기를 끌었다. 그는 점차 회원들과 교분을 쌓아 갔다. 이때쯤 뉴턴의 망원경도 런던에 도착했다.

수학자로서 라이프니츠의 성장은 뉴턴만큼 빨랐다. 1675년을 몇 달 남겨 놓고 그는 뉴턴이 10년 전에 발견했던 미적분학 또는 변화율의 분석 방법에 매달렸다.

그리고 라이프니츠는 독자적으로 미적분학을 발견했다. 더 중요한 사실로, 그는 자신의 식에 특수한 기호를 사용하는 한층 발전된 체계를 도입했다. 결국 이 점 때문에 뉴턴의 방법이 밀리고 지금까지도 그의 방법이 그대로 사용되고 있다.

뉴턴의 수학적 천재성을 일찍이 알아보았던 사람은 몇 안 되었다. 존 콜린스가 그의 재능을 알아보고 연구한 것들을 발표하라고 권했지만 뉴턴은 입을 다물었다. 그 때문에 그는 최초의 미적분학 발견자로 선포될 수 있는 기회를 놓쳤다. 상황은 뉴턴에게 더욱 불리해졌다.

런던을 방문한 라이프니츠가 본 뉴턴의 논문

1676년 라이프니츠는 런던을 방문했다. 존 콜린스는 뉴턴에게 물어보지도 않고 미적분학에 대한 것을 포함해서 뉴턴의 수학 논문들을 이 방문객에게 보여 주었다. 콜린스는 이 독일인의 학식에 깊은 감명을 받았다. 뿐만 아니라 유럽 친구들이 뉴턴이 얼마나 훌륭한 수학자인지 인정해 주기를 바랐다. 라이프니츠는 뉴턴의 논문들에서 필요한 것들을 노트해 갔다. 그러나 나중에 밝혀졌지만, 그는 미적분학과는 아무 관련 없는 것들을 적어 갔다고 한다.

그의 이러한 행동에 대해 여러 가지 해석이 있다. 그중 가장 설득력이 있는 것은 다음과 같다.

라이프니츠는 이미 자신의 방법을 완벽하게 만들었다. 그래서 뉴턴은 그에게 이 주제에 대해서는 아무것도 가르쳐 줄 것이 없었다. 자신이 만든 체계가 더 편리하다는 점에 대해 자부심도 느꼈다.

몇 년 후 콜린스가 죽고 난 다음에서야 뉴턴은 그의 경솔한 행동이 자신을 배신하는 행위였다는 것을 알았다.

한편 뉴턴과 라이프니츠는 수학에 관한 편지를 주고받는 사이가 되었다. 뉴턴도 수학 분야에 대한 라이프니츠의 통찰력을 인정했다. 자신감이 넘쳤던 뉴턴은 미적분학에 대해 공개적으로 토론하는 것을 거부했다. 그는 이십 대 초반의 젊은 시절에 이루어 놓은 성과를 세상 누구도 따라올 수 없을 것이라고 확신했다.

시간상으로는 뉴턴이 최초의 미적분학 발견자라고 할 수 있었다. 라이프니츠는 런던을 방문했을 때 오토 멩케라는 친구에게 이렇게 고백했다.

"뉴턴 씨는 그것을〔미적분학을〕 발견했다네. 그러나 나는 다른 길을 통해 그것을 발견했다네. 그 사람은 그 사람대로 공헌한 것이고, 나는 나대로 수고한 것이라네."

누가 먼저 미적분학을 발견했나?

오랜 시간이 지난 뒤에 드디어 모든 것이 한꺼번에 폭발했다. 1699년 라이프니츠는 수학계에 혁명을 몰고 올 두 개의 논문을 발표했다. 더 나아가 그는 지면을 통해 뉴턴이 자신에게 빚을 졌다고 했다. 이런 온당치 못한 주장에 뉴턴은 당연히 불같이 화를 냈다. 라이프니츠는 뉴턴이 먼저 미적분학을 발견했다는 것을 잘 알고 있었다. 또한 그의 친구였던 요한 베르누이가 낸, 세계에서 가장 어려운 두 문제를 풀었다는 사실도 잘 알고 있었다.

뉴턴과의 관계가 끝나기는 했지만, 파티오 드 듀일리에
는 서둘러서 뉴턴을 옹호하는 글을 썼다. 그는 지면을 통해
서 뉴턴이 '미적분학의 최초 발견자'이며, 그것도 몇 년이나
앞서서 발견했다고 분명하게 말했다. 또 라이프니츠가 두
번째 발견자인지는 다른 사람들이 판결할 것이라며, 세상
누구도 '자신이 미적분학의 발견자'라는 라이프니츠의 주장
에 속지 않을 것이라고 썼다.

뉴턴의 것을 훔쳤다는 주장에 몹시 화가 났던 라이프니츠
는 영국 왕립학회에 항의 편지를 보냈다. 여기에 만족할 수
없었던 그는 《악타 에루디토룸》이라는 잡지에 파티오의 모
함을 강력하게 부인하는 글을 썼다. 그리고 뉴턴에게도 자
신의 명예가 실추된 책임을 물었다. 뉴턴도 화가 나기는 마
찬가지였는데, 게다가 다음과 같은 청천벽력 같은 소리까지
듣는다.

"두 번째 발견자는 아무 말이 없다!"

먼저 손을 들고 만 라이프니츠

1704년 《광학》이 출판되고 난 후, 둘 사이의 갈등은 새로
운 상태가 되고, 불신은 훨씬 더 깊어졌다. 《광학》의 맨 끝
에 수학 논문 두 편을 실었는데, 뉴턴은 머리글에서 몇 년
전 라이프니츠에게 이 논문들을 빌려준 적이 있다고 썼다.
그 말은 라이프니츠가 그것들을 훔쳐 갔다는 말이나 다름

없었다.

라이프니츠는 《악타 에루디토룸》에 두 번째 반박문을 실었다. 라이프니츠는 뉴턴의 변화율(유율)은 미적분학을 다른 이름으로 부른 것에 불과하다며 뉴턴을 비난했다. 라이프니츠에게 빚진 것을 감추기 위해 특수 기호를 사용하는 교활한 방법을 고안해 낸 뉴턴이야말로 약삭빠른 위조범과 다르지 않다고 주장했다.

이렇게 이들의 전쟁은 한 번씩 공격을 주고받는 식으로 전개되었다. 공격은 주로 두 천재의 제자들이 했다. 마침내 라이프니츠가 먼저 지쳐 나가떨어졌다. 그는 영국 왕립학회에서 이 문제를 중재해 달라고 요구했다.

라이프니츠의 긴 편지가 런던에 도착했다. 1712년 1월에 있었던 모임에서 그의 편지가 낭독되었다. 그리고 모임에서 오고 간 이야기는 의무적으로 기록되었다. 뉴턴의 편에 서 있던 사람들의 눈에는 뉴턴은 정말로 참을성 있게 '허황되고도 부당한 헛소리'를 듣고 있는 것으로 보였다. 뉴턴과 사이가 나빴던 사람조차 그의 명예를 훼손하는 공격에는 찬성할 수 없었다.

"나는 뉴턴이 이 문제에 대해 자신의 의견을 입증할 증거를 얼마든지 댈 수 있을 것이라고 확신했습니다."

(204)

For making himſelf the firſt Inventor of the Differential Method, he has repreſented that Mr. *Newton* at firſt uſed the Letter *o* in the vulgar manner for the given Increment of x, which deſtroys the Advantages of the Differential Method; but after the writing of his Principles, changed *o* into $\dot{x}$, ſubſtituting $\dot{x}$ for dx. It lies upon him to prove that Mr. *Newton* ever changed *o* into $\dot{x}$, or uſed $\dot{x}$ for dx, or left off the Uſe of the Letter *o*. Mr. *Newton* uſed the Letter *o* in his *Analyſis* written in or before the Years 1669, and in his Book of *Quadratures*, and in his *Principia Philoſophiæ*, and ſtill uſes it in the very ſame Senſe as at firſt. In his Book of Quadratures he uſed it in conjunction with the Symbol $\dot{x}$, and therefore did not uſe that Symbol in its Room. Theſe Symbols *o* and $\dot{x}$ are put for things of a different kind. The one is a Moment, the other a Fluxion or Velocity as has been explained above. When the Letter x is put for a Quantity which flows uniformly, the Symbol $\dot{x}$ is an Unit, and the Letter *o* a Moment, and $\dot{x}o$ and dx ſignify the ſame Moment. Prickt Letters never ſignify Moments, unleſs when they are multiplied by the Moment *o* either expreſt or underſtood to make them infinitely little, and then the Rectangles are put for Moments.

Mr. *Newton* doth not place his Method in Forms of Symbols, nor confine himſelf to any particular Sort of Symbols for Fluents and Fluxions. Where he puts the Areas of Curves for Fluents, he frequently puts the Ordinates for Fluxions, and denotes the Fluxions by the Symbols of the Ordinates, as in his *Analyſis*. Where he puts Lines for Fluents, he puts any Symbols for the Velocities of the Points which deſcribe the Lines, that is, for the firſt Fluxions; and any other Symbols for the Increaſe of thoſe Velocities, that is, for the ſecond Fluxions, as is frequently done in his *Principia Philoſophiæ*. And where he puts the Letters x, y, z for Fluents, he denotes their Fluxions, either by other Letters as p, q, r; or by the ſame Letters in other Forms as X, Y, Z or $\dot{x}$, $\dot{y}$, $\dot{z}$; or by any

1715년 2월호 《철학회보》

영국 왕립학회의 회지를 통해 뉴턴은 라이프니츠가 자신의 미적분학을 훔쳐 갔다고 주장했다.

승자를 가릴 특별 위원회의 소집과 뉴턴의 용의주도함

라이프니츠는 자신이 큰 실수를 저질렀다는 것을 뒤늦게 깨달았다. 사실 그는 자신의 모든 것을 뉴턴의 손에 맡긴 것이나 다름없었다. 왕립학회 회장으로 있던 뉴턴은 아주 용의주도하게 계획을 짰다. 라이프니츠는 공정한 판결을 원했다. 영국 왕립학회는 특별 위원회를 소집하여 이 지겨운 싸움을 끝내기로 했다. 당연히 승자가 모든 것을 갖게 될 것이다.

뉴턴은 이 특별 위원회가 공평해 보이도록 갖은 애를 썼다. 성장 배경도 다르고, 직업도 다르고, 정치적인 신념도 달랐던 11명의 위원이 증거의 심사를 위해 선발되었다. 뉴턴은 이 사람들에 대해 이렇게 자랑했다.

"이들은 여러 나라에서 뽑힌 능력 있는 신사들입니다. 영국 왕립학회는 이들이 그 누구의 편을 들어 어떤 것도 더하지도 않고, 빼지도 않고, 바꾸지도 않는 성실함에 만족했습니다."

사실, 뉴턴은 이 위원회의 한 사람 한 사람을 손수 골랐다. 처음부터 이국 만리 떨어져 있던 라이프니츠에게는 불리할 수밖에 없었다.

뉴턴의 승리를 얻기 위한 용의주도함은 다음과 같은 일로도 알 수 있다. 위원회의 보고서는 한 달 반 동안 준비되었는데, 위원회 명단은 보고서가 발표되기 일주일 전에야 마무리되었다. 누가 그 보고서를 준비했는지, 또한 그들이 누구였는지는 알려지지 않았다. 1세기가 지난 후 왕립학회 회의 기록이 공개되었을 때야 그들의 신원이 알려졌다. 뉴턴도 직접 증거들을 모으고 보고서를 작성했다. 그 사실 역시 시간이 지나서야 밝혀졌다.

그 보고서는 《서신 왕래》라는 제목으로 발표되었다. 거기에는 라이프니츠가 런던을 방문했던 일에서 미적분학에 특수 기호를 도입한 일까지 일거수 일투족이 기록되어 있었다.

몇 사람만 제외하고 대다수의 사람들은 라이프니츠가 뉴턴의 창작물을 훔쳐간 도둑이라고 여겼다. 왕립학회 회원들은 뉴턴의 보고서를 승인했다. 그리고 가능한 한 빠른 시간 내에 출판하는 데 동의했다.

아홉 달 뒤, 1713년 1월에 《서신 왕래》가 출판되었다. 뉴턴은 이 사건과 가장 관계가 깊었던 단체들과 개인들에게 책을 보내 주었다. 특히 라이프니츠를 수학의 성인으로 존경했던 유럽의 추종자들이 꼭 읽어 보게 만들었다.

3년 뒤 라이프니츠는 숨을 거두었다. 그리고 2세기가 넘는 시간이 흐르고 난 뒤에야 야비했던 싸움의 전모가 알려졌다.

적이 죽고 없는데도 뉴턴은 그를 가만히 놔두지 않았다. 뉴턴의 뒤를 이어 교수가 된 윌리엄 휘스턴의 한 친구는 언젠가 뉴턴이 기분 좋은 목소리로 이렇게 말하는 것을 들었다고 기록했다.

"나는 라이프니츠의 공격에 맞섰지. 그리고 그의 심장을 부숴 버렸지."

12

진리를 찾아 헤맸던
바닷가 소년

1725년의 뉴턴

82세 때의 모습으로 그는 2년 후에 죽음을 맞이한다.

1717년 여름 내내 존 콘두이트는 레스터 하우스에 뻔질나게 드나들었다. 그는 잉글랜드 남부의 햄프셔 카운티 출신으로 부유한 가정에서 성장했다.

이 젊은이가 아이작 뉴턴 경을 존경했다는 사실은 틀림이 없다. 그렇지만 일 때문에 그 집에 자주 드나들었던 것은 아니었다. 콘두이트가 성 마틴 스트리트 35번가를 찾았던 것은 캐서린 바턴을 만나기 위해서였다. 그때 캐서린은 서른여덟 살로 그보다 아홉 살이나 연상이었지만 여전히 아름다웠다.

콘두이트와의 만남

콘두이트는 스페인에 있던 대영제국 군대의 장교로 근무했다. 그곳에서 그는 카르테이아의 위치를 찾아냈다. 카르테이아는, 지금은 사라지고 없지만 2,000년 전 로마인들이 살았던 도시다. 그의 발굴 소식이 영국 왕립학회에 전해지자, 왕립학회는 그에게 그간의 성과에 대한 발표를 듣고자 초청했다. 3개월 뒤에 그는 왕립학회의 초청을 받아들여 잉글랜드로 돌아왔다. 뉴턴과 콘두이트는 왕립학회 모임에서 처음 만났다. 그리고 뉴턴이 그를 레스터 하우스로 초대하여 식사를 같이 하게 되었는데, 그 자리에서 아름다운 캐서린을 만난다.

이 햄프셔의 신사와 자기만의 정신 세계를 갖고 있었던 미녀는 만난 지 몇 주일 만에 결혼식을 올린다. 2년 뒤에 캐서린은 외동딸을 낳았다. 이 부부는 딸아이에게 캐서린이라는 세례명을 붙여 주었다. 그리고 어머니 이름과 혼동하지 말라고 키티라는 별명을 지어 주었다. 당시의 관습대로라면 이 부부는 뉴턴과 같이 살았을 것이다. 그렇지만 그들은 크랜퍼드의 남편 집에서 살았다.

뉴턴이 혼자 있기를 좋아하는 성격이었기 때문에, 캐서린은 딸아이의 떠드는 소리로 뉴턴의 신경을 거스르고 싶지 않았다. 하지만 콘두이트가 뉴턴의 전기를 쓰기 위해 뉴턴에게 물어볼 일이 많이 생기면서 자연스럽게 이들은 자주 그 집에 들르게 되었다. 그래서 다행스럽게도 그가 모은 자료들이 지금까지 남아 있는 것이다.

뉴턴은 조카사위의 능력을 높이 사 주었다. 그리고 그가 자신의 뒤를 이어 조폐국에서 일할 수 있도록 신경써 주었다.

80세 생일을 앞두고 찾아온 병마

1722년 80세 생일을 앞두고 뉴턴은 심한 병고를 치른다. 신장 결석으로 몸져 누운 것이다. 그의 주치의였으며 왕립학회 회원이었던 리처드 미드 박사가 자주 찾아와 그의 건강을 돌보았다. 뉴턴은 친구에게 조금씩 나아지고 있다고 편지를 써 보냈다. 그러나 사실 그는 다시는 돌아오지 못할 고개를 넘어가고 있었다.

뉴턴은 나이가 들어도 전혀 기력이 떨어지지 않았다. 그는 50년 전 떨어지는 사과를 보고 중력에 대해 생각했던 그 때와 별로 달라지지 않았다. 축 처져 있는 뉴턴은 생각할 수도 없었다. 논쟁은 여전히 그의 일이었다. 또 다른 미적 분학의 발견자였던 라이프니츠는 죽고 없었지만, 뉴턴은 아직도 그의 추종자들과 지면을 통해 싸움을 벌였다. 뉴턴 은 그에게 도전했던 사람들보다 오래 살면서 영광을 누렸 다. 그는 유명해졌다. 그리고 어렵게 얻은 명예도 빛을 잃 을 줄 몰랐다.

거장을 만나고 싶어 했던 사람들

이 늙은 거장을 만나고 싶어하는 사람은 많았다. 그를 만 나고자 했던 사람들 중에 미국에서 건너온 청년이 있었다. 벤저민 프랭클린이라는 이 청년은 인쇄업에서 막 두각을 나 타내고 있었다. 프랭클린은 일기에다 이렇게 썼다.

"머지않은 시일 내에 아이작 뉴턴 경을 만나 볼 수 있는 기회가 생겼다. 얼마나 꿈꿔 왔던 일인가. 그러나 결국 그를 만나지 못하고 말았다."

시간이 흐른 뒤 프랭클린은 전기에 관한 실험들로 유명해 졌다. 그 공로를 인정하여 영국 왕립학회에서는 그에게 최 고상인 코플리 메달을 수여했다.

뉴턴을 만나 보지 못해 실망했던 청년 중에는 프랑스인도 있었다. 프랑수아 마리 아루에라는 이름의 이 청년은 볼테르

볼테르 1694~1778

프랑스의 작가이면서 대표적인 계몽 사상가였다. 파리에서 태어났으나 프랑스의 정치적 불평등에 불만을 느껴 영국·독일 등의 나라를 돌아다니면서 생활한 적이 많다. 디드로, 루소 등과 함께 백과전서파로 활동하면서 《자디그》 《캉디드》 같은 소설을 남겼다.

라는 필명으로 저술 활동을 하고 있었다.

프랑스의 왕실을 비판했던 그는 캐서린과 만날 기회가 있었다. 캐서린은 독설가였던 볼테르와 생각이 잘 통했다. 그리고 그녀가 삼촌에 대해 이야기할 때면 그는 눈을 반짝이며 들었다.

나이 들어서도 젊음을 잃지 않았던 뉴턴

뉴턴을 방문할 수 있었던 많지 않은 사람들 중에 링컨셔 출신의 젊은 의사인 윌리엄 스터클리가 있었다. 그는 뉴턴의 강한 성품과 습관을 눈여겨보았다.

1725년의 일이다. 스터클리는 뉴턴이 안경도 쓰지 않고 필기구도 없이 암산으로 계산을 하는 것을 보고 놀랐다. 뉴턴은 스터클리에게 아침 식사로 삶은 오렌지 껍질과 설탕을 친 차와 버터 바른 빵을 먹는다고 했다. 뉴턴은 젊었을 때보다 물을 더 많이 마셨고, 저녁 식사 때에는 포도주를 조금 들었다. 그가 먹는 것이라곤 멀건 국에 야채와 과일이 전부였다. 그런데도 그는 항상 즐거운 마음으로 먹었다. 고기는 조금씩 먹었다.

신장 결석 때문에 그는 마차를 이용할 수 없었다. 런던의 자갈길에서 마차가 덜커덩거릴 때마다 심하게 아팠기 때문에 그는 가마를 이용했다. 보통 네 사람이 메는 가마는 천천히 가기도 했으며 무척 편안했다. 그는 가마를 타면 항상 양

팔을 가마 양쪽으로 내밀고 흔들면서 갔다. 그의 눈은 생기가 돌았고 날카로웠다. 그의 은빛 머리카락은 언제나 탐스러웠다. 스터클리의 표현대로 가발을 벗으면 "그의 위엄은 더욱 빛났다."

캐서린이 결혼한 후로 뉴턴은 예전처럼 혼자 있는 시간이 많아졌다. 혼자 아침 식사를 하고, 생각하고 읽고 쓰면서 대부분의 시간을 보냈다. 콘두이트가 있어서 조폐국 일은 한결 수월해졌다. 죽기 전 일 년 동안은 거의 조폐국에도 들르지 않았다. 나이가 들어 병을 얻은 후로는 왕립학회 정기 모임에도 빠지는 일이 생겼다. 이전 같으면 뉴턴에게 있을 수 없는 일이었다.

어떤 경우에는 뉴턴은 생각지도 않은 장소에 나타나 사람들을 놀라게 했다. 어느 날 저녁 링컨셔 출신 사람들이 쉽 태번에 모여 있었다. 스터클리는 이층 식당에서 마음 맞는 사람들과 함께 있었는데, 누가 뉴턴이 와 있다고 말했다. 반신반의했던 스터클리는 아래층으로 뛰어 내려왔다. 그는 뉴턴이 혼자 앉아 있는 것을 보고 놀랐다. 곧 이 뉴스는 이층으로 전해졌고 사람들이 전부 아래층으로 내려온 일도 있었다.

끝까지 버리지 못했던 자연철학에 대한 미련

스터클리는 뉴턴과 핼리와 함께 아침 식사를 한 적이 있다. 핼리는 플램스티드가 죽자 그의 뒤를 이어 왕실 소속의 천문학자가 되었다. 뉴턴은 그때까지 고인이 된 플램스티드에 대한 공격을 늦추지 않았다. 자신이 달의 운동에 관한 이론을 완성하려고 애쓰고 있을 때 플램스티드가 관측한 자료들을 넉넉하게 주었으면 좋았을 텐데 그렇게 하지 않았다고 두고두고 이야기했다.

뉴턴은 플램스티드에게서 전혀 도움을 받지 못했으며, 오로지 혼자의 힘으로 지금의 영광을 얻었다고 주장했다. 뉴턴은 마음만 먹는다면 지금이라도 달의 운동에 관한 연구를 끝낼 수 있다고 자랑했다. 하지만 다른 사람이 그 일을 하도록 기회를 주는 것이라고 했다.

또 뉴턴은 핼리에게 세상을 깜짝 놀라게 만들 일이 있다고 말했다. 그리고 조카였던 벤저민 스미스에게는 금속 실험, 즉 연금술 연구를 계속하고 있다고 말하기도 했다. 이런 이야기들은 뉴턴 같은 노인이라면 충분히 바랄 수 있는 소망이었다. 그러나 그의 이러한 소망은 다른 이유에서 생겨난 것이었다. 뉴턴은 자신의 자연철학에 만족할 수가 없었다. 이러한 생각 때문에 그는 죽는 날까지 괴로움을 안고 살았다.

평생을 그렇게 규칙적으로 살았던 사람이 유언장을 남기지 않았다는 사실은 놀랄 만하다. 자선 단체와 영국 왕립학회에 기부하고도 남은 재산의 상당 부분을 이미 친척들에게 나누어 주었다. 그렇지만 뉴턴에게서 받은 돈을 제대로 사용한 친척들은 거의 없었다. 그의 조카들은 아저씨 덕분에 잘 살게 되었다. 콘두이트와 키티는 약 4,000파운드의 값이 나가는 켄싱턴의 땅을 상속받았다.

위대한 영혼의 마지막 모습

1727년 2월 마지막 날, 뉴턴은 3월 2일에 있을 왕립학회 모임을 주재하기 위해 런던에 도착했다. 콘두이트는 최근 아저씨의 혈색이 그처럼 좋아 보인 적이 없다며 반가움을 감추지 못했다. 뉴턴은 웃으면서 지난 일요일에 열한 시부터 다음날 여덟 시까지 푹 잤기 때문이라고 대답했다.

그러나 여행이 부담이 되었는지 집으로 돌아갈 때는 피곤한 기색이 역력했다. 방광에 또 돌이 생겨 급히 의사를 불렀다. 하지만 뉴턴은 회복될 가망이 없었다. 극심한 통증이 몰려왔다가 사라지는 고통이 며칠 동안 계속되었다. 콘두이트는 그의 곁을 떠나지 않았다. 다음은 콘두이트의 말이다.

"그분은 한 마디도 불평하지 않았다. 신음 소리도 내지 않았다. 신경질을 부리지도 않았고, 성급하게 굴지도 않았다."

스터클리는 뉴턴의 마지막 모습을 이렇게 그렸다.

"고통은 침대에 누워 있는 그를 가만히 놔두지 않았다. 방 안에도 고통이 가득했다. 그렇게 평온하게 있었던 그 모든 것들이 고통에 들떠 있는 그에게는 전혀 새로운 것으로 보였다. 그의 위대한 영혼은 필사적으로 이승에서의 장막을

젖히려고 했다."

그는 끝까지 정신을 놓지 않았다. 그는 죽음을 맞이하면서 교회의 의식을 받지 않겠다고 했다. 50년이 넘는 세월 동안 교회의 삼위일체설을 받아들이지 않았던 한 인간의 마지막 저항이었다. 자신의 신념을 저버리는 순간이야말로 악마가 한 인간의 영혼을 거두어 가는 순간이 될 것이다.

진리의 바다를 헤맸던 바닷가 소년

3월 15일 수요일, 뉴턴은 거짓말처럼 기운을 회복했다. 그러나 며칠을 못 넘기고 다시 혼수 상태에 빠졌다. 그리고 다시는 일어나지 못했다. 그는 3월 20일 새벽 한 시에서 두 시 사이에 세상을 떠났다. 그때 그의 나이 여든네 살이었다. 죽음을 맞기 전에 그는 이렇게 말했다.

"나는 세상 사람들이 나를 어떻게 보고 있는지 모른다. 그러나 나 자신에게 비쳐진 나는 바닷가에서 놀고 있는 소년이었다. 거대한 진리의 바다는 아무것도 가르쳐 주지 않으면서 내 앞에 펼쳐져 있고, 나는 바닷가에서 놀다가 가끔씩 동그스름한 돌과 다른 것보다 훨씬 예쁜 조개를 찾으며 즐거워했다."

뉴턴 이후 최고의 과학자라고 칭송받고 있는 알베르트 아인슈타인 또한 뉴턴을 천진난만한 질문을 좋아하는 아이에 비유했다.

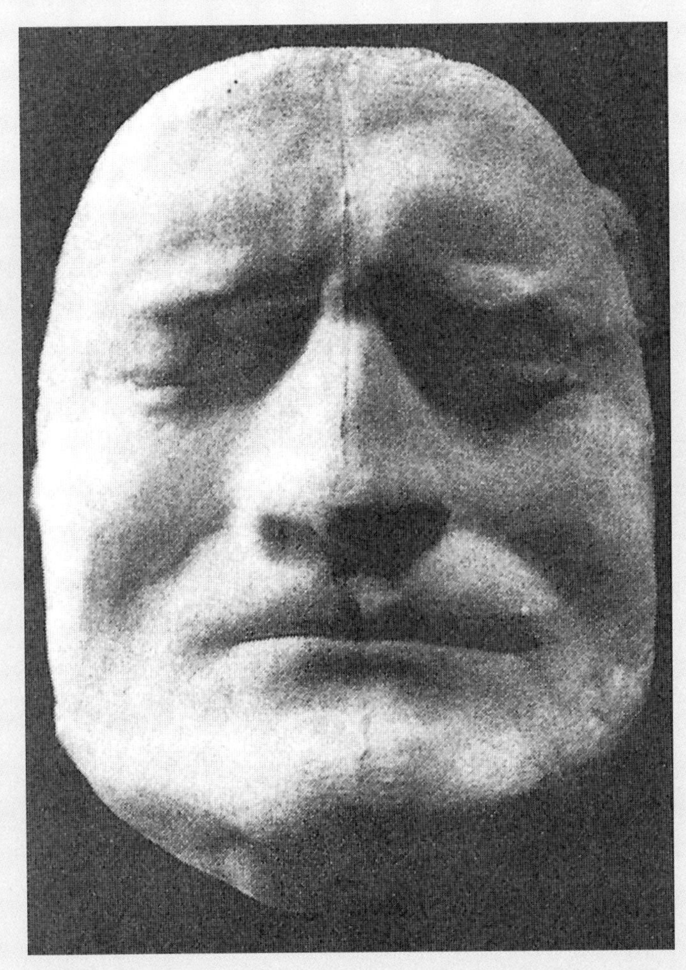

뉴턴의 데스 마스크

1727년 3월 20일 84세를 일기로 그는 영원히 눈을 감는다.

“만약에 빛의 기둥을 탈 수 있다면 세상은 어떻게 보일까? 뉴턴은 과학을 좋아했던 행복한 아이, 자연을 펼쳐진 책처럼 받아들였던 아이, 그리고 그것을 힘들이지 않고 읽을 수 있었던 아이였다.”

영원한 안식

3월 23일 왕립학회 회지에는 가슴이 뭉클해지는 한 줄의 소식이 실렸다.

“아이작 뉴턴 경의 죽음으로 빈 의자가 생겼습니다. 오늘 모임은 없습니다.”

뉴턴의 시신은 4월 4일 장례식 날까지 웨스트민스터 사원에 모셔졌다. 운구는 중앙 제단으로 옮겨졌다. 뉴턴은 왕립학회 회원이었으며 귀족이었던 하이 챈슬러 남작, 몬트로즈 공작, 록스보로 공작, 펨브로크 백작, 서식스 백작, 맥클레필드 백작과 함께 있게 되었다. 무너진 거인의 먼 친척이었으며 기사였던 마이클 뉴턴 경을 맨 앞으로 하여 장례 행렬이 뒤따랐다. 장례식은 로체스터 주교가 치러 주었다.

뉴턴의 마지막 휴식처는 그의 공로 때문에 사원의 중심부에 마련되었다. 뉴턴의 가까이에는 시인들이 누워 있었다. 초서, 로버트 브라우닝, 앨프리드 로드 테니슨과 함께 머물렀다. 가장 가까이에는 위대한 천문학자로서, 망원경으로 이제까지 볼 수 없었던 밤하늘을 열어 보였던 존 허셜 경이 있었다.

**웨스트민스터 사원에 있는
뉴턴의 무덤**

시간은 천천히 녹아내리는 태고의 빙하처
럼 고인들의 안식처에도 흘러 들어와 덮어
씌운 돌들에 작은 구멍을 냈다. 해마다 수많
은 관광객들이 고인들의 영원한 업적을 기리느라 이곳을 찾아
온다. 아마도 그 발길에도 돌의 작은 구멍이 더 커지는 수도 있
을 것이다.

EDUARDO PAOLOZZI

**에두아르도 파올로치가 만든
뉴턴 동상(1995).**
윌리엄 블레이크의 그림 〈뉴
턴〉(1795)을 동상화한 작품으
로 대영도서관 앞에 있다.

1642년	갈릴레이 사망. 성탄절, 울스소프에서 아이작 뉴턴 탄생하다.
1661년	케임브리지의 트리니티 칼리지 입학하다.
1665년	대학 졸업 자격을 취득하다.
1667년	수학과 광학 그리고 물리학에 관한 혁명적인 작업을 진행하다.
1668년	석사 학위를 받다.
1669년	케임브리지대학교의 수학 교수로 임명되다.
1671년	영국 왕립학회에 반사 망원경을 제출하다.
1672년	빛에 관한 논문을 처음으로 왕립학회에 제출하다. 왕립학회 회원으로 선출되다.
1674년	빛에 관한 두 번째 논문을 왕립학회에 제출하다.
1684년	에드먼드 핼리가 케임브리지로 뉴턴을 방문하다. 《자연철학의 수학적 원리》(프린키피아)를 쓰기 시작하다.
1687년	《프린키피아》를 출판하다.

1689년	케임브리지대학교 대표 자격으로 의회 의원으로 선출되다.
1693년	침체기에 빠지다.
1696년	조폐국 부국장으로 임명되다.
1699년	조폐국 국장으로 승진하다.
1701년	케임브리지대학교 대표 자격으로 의회 의원으로 선출되다.
1703년	《광학》을 출판하다.
1705년	앤 여왕에게서 기사 작위를 받다.
1713년	《프린키피아》 재판이 출판되다.
1717년	《광학》 재판이 출판되다.
1727년	84세로, 3월 20일, 켄싱턴에서 사망하다.

뉴턴

어떻게 만유인력을 알아냈을까?

초판 1쇄 발행 2025년 8월 20일

지은이 게일 E. 크리스천슨
옮긴이 정소영
책임편집 이기홍
디자인 윤철호 박다애

펴낸곳 (주)바다출판사
주소 서울시 마포구 성지1길 30 3층
전화 02 - 322 - 3675(편집) 02 - 322 - 3575(마케팅)
팩스 02 - 322 - 3858
이메일 badabooks@daum.net
홈페이지 www.badabooks.co.kr

ISBN 979 - 11 - 6689 - 327 - 8 03400